高等学校计算机应用规划教材

计算机网络实验教程

袁连海　陆利刚　主　编

胡晓玲　黄　静
姚　珺　徐草草　副主编

清華大学出版社
北　京

内 容 简 介

本书是计算机网络课程的配套实验教材，是四川省质量工程建设项目——基于工程训练中心的立体化教材建设的重要内容之一。本书全面讲述了计算机网络实验，主要内容包括计算机网络基本工具的使用、双绞线的制作、无线网络的配置、交换机网络的组建、应用服务器(WWW、FTP、DHCP、DNS)的配置、网络协议分析、基于TCP和UDP的套接字编程、交换机配置、路由器配置、网络安全以及虚拟化技术等，并且运用大量实例对各种关键技术进行了深入浅出的分析。

本教程内容丰富、结构合理、思路清晰、语言简练流畅、示例翔实，将计算机网络实验划分为几个模块，不同专业可以根据教学需要选作相关实验。每个实验按照实验目的、实验内容、实验步骤以及实验思考进行组织，既方便实验教学需要，也满足学生课外自学。本书主要面向计算机网络课程的学生，适合作为计算机网络原理课程的配套实验教材、高等院校的计算机网络实践课程教材，还可作为计算机网络爱好者的实践参考资料。

本书对应的电子课件、习题答案和实验软件可以到http://www.tupwk.com.cn/downpage网站下载。

图书在版编目(CIP)数据

计算机网络实验教程 / 袁连海，陆利刚　主编. —北京：清华大学出版社，2018(2024.1重印)
(高等学校计算机应用规划教材)
ISBN 978-7-302-49527-7

Ⅰ.①计…　Ⅱ.①袁…　②陆…　Ⅲ.①计算机网络－实验－高等学校－教材　Ⅳ.①TP393-33

中国版本图书馆CIP数据核字(2018)第029371号

责任编辑：胡辰浩　李维杰
封面设计：牛艳敏
版式设计：思创景点
责任校对：孔祥峰
责任印制：杨　艳

出版发行：清华大学出版社
　　网　　址：https://www.tup.com.cn, https://www.wqxuetang.com
　　地　　址：北京清华大学学研大厦A座　　**邮　　编：**100084
　　社 总 机：010-83470000　　**邮　　购：**010-62786544
　　投稿与读者服务：010-62776969，c-service@tup.tsinghua.edu.cn
　　质 量 反 馈：010-62772015，zhiliang@tup.tsinghua.edu.cn
印 装 者：涿州市般润文化传播有限公司
经　　销：全国新华书店
开　　本：185mm×260mm　　**印　　张：**11.5　　**字　　数：**266千字
版　　次：2018年3月第1版　　**印　　次：**2024年1月第5次印刷
定　　价：59.00元

产品编号：077260-03

前　言

21 世纪是信息化的时代，电子商务、物联网、云计算、大数据以及电子政务等都需要强大的网络基础设施。计算机网络是衡量一个国家信息化水平的重要标志，目前，我国无论在网络用户的数量、网络应用的规模还是网络带宽的提升方面，都取得了飞速发展，网络的出现正逐渐改变人类的生活、工作、学习等方式。计算机网络和数据库技术是信息技术中最重要的两大支柱。自 20 世纪 60 年代末阿帕网出现以来，计算机网络技术的发展使得人们的生活方式得到了根本性的改变。网络技术也从 IPv4 向下一代互联网发展，特别是我国制定的大力发展 IPv6 的战略规划，将会促使我国计算机网络向更深、更广发展。

计算机网络原理是计算机和通信相关专业的核心课程。该课程具有知识面广、内容繁多以及学习过程中原理比较抽象等特点，学生普遍反映计算机网络课程比较难学，迫切需要引导学生实践的实验教程。在多年的计算机网络课程教学过程中，我校计算机网络课程的一线教师认真组织了实验教学，通过实验教学激发学生的学习兴趣，将复杂的理论知识融入简单的实践环节。

本书重在培养学生的动手能力，帮助学生通过实验来理解抽象的原理，重在培养学生使用计算机网络的能力，由浅入深地详细讲述了计算机网络基本工具的使用、双绞线的制作、无线网络的配置、交换机网络的组建、应用服务器(WWW、FTP、DHCP、DNS)的配置、网络协议分析、基于 TCP 和 UDP 的套接字编程、交换机配置、路由器配置、网络安全以及虚拟化技术等，并且运用大量实例对各种关键技术进行了深入浅出的分析，注重培养读者应用网络的能力并快速掌握计算机网络的基本操作技能。

本书内容丰富、结构合理、思路清晰、语言简练流畅、操作翔实，将计算机网络实验划分为几个模块，不同专业可以根据教学需要选作相关实验。每个实验按照实验目的、实验内容、实验步骤以及实验思考进行组织，既方便实验教学需要，也满足学生课外自学。每一实验后面都安排了有针对性的实验思考题，既有助于读者巩固课堂所学的基本技能，也有助于培养读者的实际动手能力、增强对基本概念的理解和实际应用能力。

本书可作为高等院校计算机科学与技术、软件工程、网络工程、数字媒体技术、通信工程及相关专业、计算机应用技术专业的实验教材，还可作为网络爱好者的参考资料。

除封面署名的作者外，参加本书编写的人员还有李湘文、周玲、李思莉、石坚等人。学院教务处戴彦群处长和电子信息与计算机工程系主任柳建博士对本书编写提供了大力支持。由于作者水平有限，本书难免有不足之处，欢迎广大读者批评指正。我们的信箱是 huchenhao@263.net，电话是 010-62796045。

本书对应的电子课件、习题答案和实验软件可以到 http://www.tupwk.com.cn/downpage 网站下载。

作　者

2017 年 11 月

目　　录

第1章　网络基础实验

实验1　认识计算机网络

一、实验目的

1. 了解网络中心布局和规划。
2. 初步认识计算机网络设备。
3. 认识计算机网络。

二、实验内容

1. 记录一天中使用计算机网络所做的事情。
2. 分析通过网络做这些事情的动机是什么。
3. 如果没有计算机网络，是否可以用其他方式来完成这些事情。
4. 参观学校网络中心。

三、实验步骤

1. 记录自己如何使用网络

网络已经渗透到我们日常生活的方方面面。现实生活中常见的网络交友、收发电子邮件、浏览网站、文件上传和下载、网络娱乐、网络游戏、电子邮件、实时新闻以及网上购物等都基于互联网才能实现。

请在表1-1中记录你一天中最常使用互联网的时间、设备、内容、动机，并思考是否可以不用互联网来达到同样的目的。表1-1中的第一行是示例。

表1-1　记录一天中使用网络的活动

时间	设备	内容	动机	替代方式
8:00	手机	看新闻	查看是否有自己感兴趣的事件发生	看电视

2. 参观网络中心

一般学校都有网络中心(或者信息化中心)，以方便学生访问互联网。参观学校的网络中心，然后记录在网络中心见到的设备的类型、品牌、型号等内容，并记录在表 1-2 中，第一行是示例。

表 1-2　记录网络中心设备

设备类型	品牌	型号
路由器	华为	2620

3. 列出你使用过的网络设备

请在表 1-3 中列出自己拥有的或使用过的可以连接互联网的设备、品牌、连接类型。如果没有使用过网络设备，请在电子商务网站(如京东商城或天猫)上搜索有哪些网络设备。

表 1-3　记录使用过的设备

设备	品牌	连接类型
笔记本电脑	联想	网线或 Wi-Fi

四、实验思考

1. 估算一下，自己一天中总共使用互联网的时间有多长？
2. 写出使用频率最高的互联网设备。
3. 在网络上搜索一台 12 口的交换机大概需要多少钱？
4. 列出哪些事情不需要通过网络就可以完成。

实验 2　网络基本工具(命令)的使用

一、实验目的

1. 熟悉常用的网络命令。
2. 掌握 ping 命令，测试网络连通性。
3. 掌握 ipconfig 命令。
4. 能够利用网络工具诊断网络。

二、实验内容

1. 使用 ping 命令测试网络连通性。
2. 使用 ipconfig 命令。
3. 查看主机的 MAC 地址。
4. 使用 tracert 命令追踪数据包路径。
5. 使用网络工具进行网络排错。
6. 查看有线网和无线网的网卡信息。
7. 观察 DNS 地址解析。

三、实验步骤

1. ping 命令的使用

ping 命令[1]是用来测试两台计算机之间网络连通性的工具，它能够显示发送回送请求到返回回送应答之间的时间。如果收到回送应答的时间短，就表示数据包不必通过太多的路由器或网络连接速度比较快。Ping 命令还能显示 TTL(Time To Live，存在时间)值，可以通过 TTL 值推算一下数据包已经通过了多少个路由器：源地址的 TTL 起始值(就是比 TTL 返回值略大的一个 2 的乘方数)减去 TTL 返回值。例如，TTL 返回值为 119，那么可以推算数据包离开源地址的 TTL 起始值为 128，而源地址到目标地址要通过 9 个路由器(128−119)；如果 TTL 返回值为 246，TTL 起始值就是 256，源地址到目标地址也要通过 9 个路由器。

按照默认设置，在 Windows 上运行的 ping 命令发送 4 个 ICMP(Internet Control Message Protocol，互联网控制报文协议)回送请求，每个请求含 32 字节数据，如果一切正常，将得到 4 个回送应答。

通过 ping 命令检测网络故障的典型方法是：正常情况下，使用 ping 命令查找问题所在或检验网络运行情况时，需要多次运行 ping 命令。如果所有都运行正确，就可以相信基本的

1 这些网络命令不区分大小写，包括 png、ipconfig、nslookup、arp、tracert 等。

连通性和配置参数没有问题；如果某些 ping 命令出现运行故障，提示信息可以指明到何处去查找问题。下面就给出一种典型的检测次序及对应的可能故障：

- ping 127.0.0.1：运行本命令的目的是测试计算机是否安装了 TCP/IP 组件。如果本次运行不成功，表示 TCP/IP 的安装或运行存在某些最基本的问题。
- ping 本机 IP 地址：运行本命令表示你的计算机将发送回送请求到本机 IP 地址，正常情况下本机 IP 地址的计算机始终都应该对 ping 命令做出应答。如果没有，就表示本地配置或安装存在问题。出现此问题时，局域网用户请断开网络电缆，然后重新发送该命令。如果网线断开后本命令正确，则表示另一台计算机可能配置了相同的 IP 地址。
- ping　网关：运行本命令可以测试你的计算机和网关之间网络是否连通。如果应答正确，表示计算机到网关之间网络正常。
- ping DNS 服务器：运行本命令可以测试你的计算机和 DNS 服务器之间网络是否连通。如果应答正确，表示域名服务器工作正常。
- ping 局域网内其他 IP 地址：这个命令应该离开你的计算机，经过网卡及网络电缆到达其他计算机，再返回。收到回送应答表明本地网络中的网卡和载体运行正确。但如果收到 0 个回送应答，那么表示子网掩码(进行子网分割时，将 IP 地址的网络部分与主机部分分开的代码)不正确、网卡配置错误或电缆系统有问题。
- ping 远程 IP 地址：如果收到 4 个应答，表示成功使用了默认网关。对于拨号上网用户，则表示能够成功访问 Internet(但不排除 ISP 的 DNS 会有问题)。
- ping localhost：localhost 是操作系统的网络保留名，它是 127.0.0.1 的别名，每台计算机都应该能够将该名字转换成该地址。如果做不到，则表示主机文件(/Windows/host)中存在问题。
- ping　www.baidu.com：对这个域名执行 ping 命令，通常是通过 DNS服务器。如果这里出现故障，则表示 DNS服务器的 IP 地址配置不正确或 DNS服务器有故障(对于拨号上网用户，某些 ISP 已经不需要设置 DNS服务器了)。

如果上面列出的所有 ping 命令都能正常运行，那么对使用你的计算机进行本地和远程通信基本上就可以放心了。但是，这些命令运行成功并不表示所有的网络配置都没有问题，例如，某些子网掩码错误就可能无法用这些方法检测到。图 1-1 显示了运行 ping 命令后的结果。

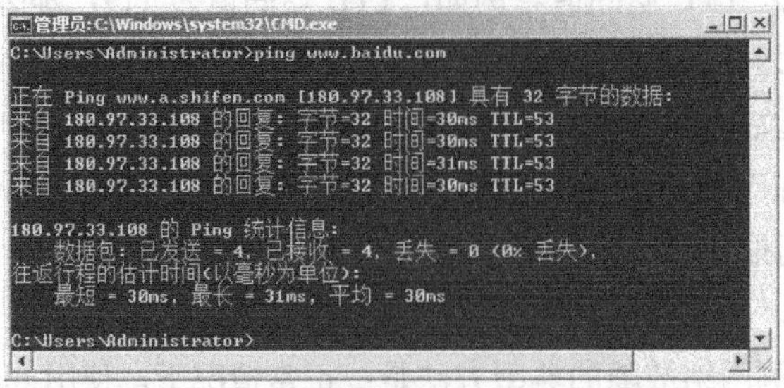

图 1-1　在命令提示符中运行 ping 命令

2. ipconfig 命令的使用

在命令提示符中运行 ipconfig 可以快速得知自己计算机的网络参数，如 IP 地址、子网掩码、默认网关地址以及 DNS 服务器的地址等信息。

运行 IPCONFIG 时如果不带任何参数选项，那么会为每个已经配置好的接口显示 IP 地址、子网掩码和默认网关值。

最常用的是 ipconfig /all。当使用 all 选项时，ipconfig 能为 DNS 和 WINS服务器显示已配置且所要使用的附加信息(如 IP 地址等)，并且显示内置于本地网卡中的物理地址(MAC 地址)。如果 IP 地址是从 DHCP服务器租用的，将显示 DHCP服务器的 IP 地址和租用地址预计失效的日期。图 1-2 显示了运行 ipconfig /all 命令的结果。

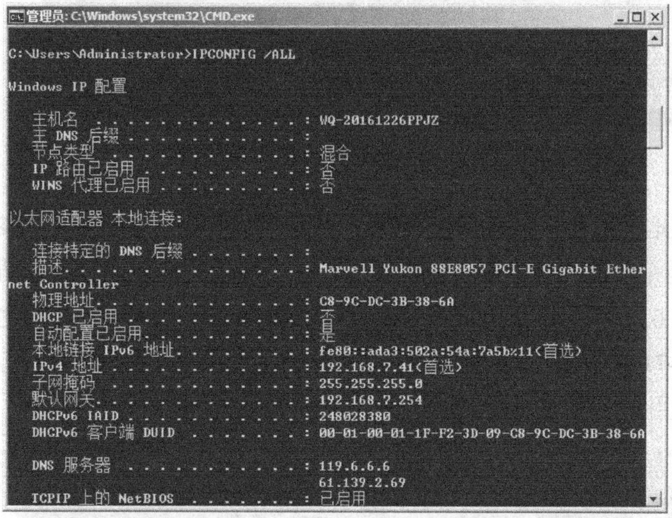

图 1-2　运行 ipconfig /all 命令以快速了解网络参数信息

3. arp 命令的使用

arp 命令用来查看当前 arp 缓存表(了解网关、ARP 协议的作用)，按照默认设置，ARP 高速缓存中的项目是动态的，每当发送指定地点的数据包且高速缓存中不存在当前项目时，ARP 便会自动添加该项目。一旦高速缓存中的项目被输入，它们就已经开始走向失效状态。例如，在 Windows NT 网络中，如果输入项目后不进一步使用，物理/IP 地址对就会在两至十分钟内失效。因此，如果 ARP 高速缓存中的项目很少或根本没有，通过另一台计算机或路由器的 ping 命令即可添加。所以，当需要通过 arp 命令查看高速缓存中的内容时，最好先 ping 此计算机。

arp -a 或 arp -g 用于查看高速缓存中的所有项目。-a 和-g 参数的结果是一样的，多年来-g 一直是 UNIX 平台上用来显示 ARP 高速缓存中所有项目的选项，而 Windows 用的是 arp -a(-a 可被视为 all，即全部的意思)，但它也可以接受比较传统的-g 选项。图 1-3 显示了执行 arp-a 命令后的结果。

在图 1-3 中，动态(dynamic)表示随时间推移自动添加和删除，而静态(static)表示一直存在，直到人为删除或重新启动。

arp -a IP 命令将只显示与该接口相关的 ARP 缓存项目，如果使用的计算机有多个网卡，那么使用 arp -a 加上接口的 IP 地址，就可以只显示该接口的 ARP 缓存列表。

图 1-3 查看 ARP 缓存表

arp -s IP 物理地址：可以向 ARP 高速缓存中人工输入一个静态项目。该项目在计算机引导过程中将保持有效状态，或者在出现错误时，人工配置的物理地址将自动更新该项目。例如：arp -s 192.168.0.100 00-d0-09-f0-33-71。该命令将 IP 192.168.0.100 和与之对应的 MAC 地址 00-d0-09-f0-33-71 作为表项添加到 ARP 缓存中。

arp -d IP：使用该命令能够人工删除一个静态项目，如图 1-4 所示。

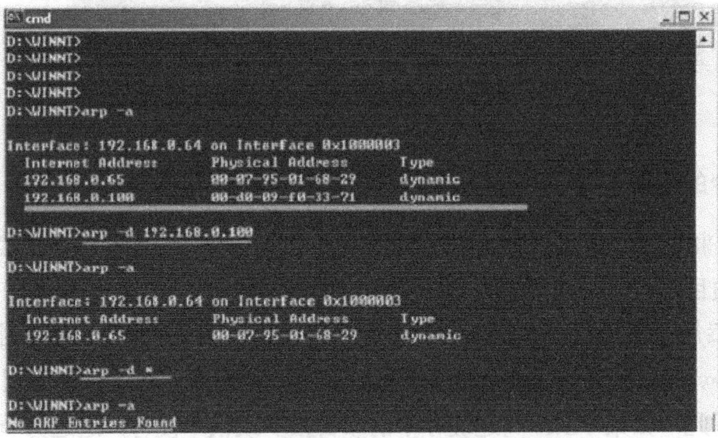

图 1-4 删除 ARP 表中的项目

arp 常用命令如下：

- 在 DOS 下运行 arp -d 命令将清除 ARP 缓存表。
- 在 DOS 下运行 ping 192.168.1.1，然后运行 arp -a 命令，记录显示的 ARP 缓存表中的 IP 与 MAC 地址。
- 在 DOS 下运行 ping www.cdutetc.cn，然后运行 arp -a 命令，记录显示的 ARP 缓存表中的 IP 与 MAC 地址。注意观察网关所起的作用。
- 在 DOS 下运行 ping www.baidu.com，然后运行 arp -a 命令，记录显示的 ARP 缓存表中的 IP 与 MAC 地址。注意观察 ARP 协议的作用范围。

4. nsloockup 命令的使用

nslookup 命令是一个监测网络中 DNS 服务器是否能正确实现域名解析的命令行工具。它在 Windows NT/2000/XP(在之后版本的 Windows 系统中也都可以使用，比如 Windows 7，Windows 8 等)中均可使用，但在 Windows 98 中却没有集成这个工具。nslookup 命令可以指定查询的类型，可以查到 DNS 记录的生存时间，还可以指定使用哪台DNS 服务器进行解释。在已安装 TCP/IP 协议的计算机上均可以使用这个命令。该命令主要用来诊断 DNS 基础结构的信息，可以查询 Internet域名信息或诊断 DNS 服务器问题。

nslookup 命令必须在安装了 TCP/IP 协议的网络环境中使用。假设现在网络中已经架设好了一台 DNS 服务器，主机名称为 cdutetcdns，使用 nslookup 命令可以把域名 www.company.com 解析为 IP 地址 192.168.1.1，这是我们平时用得比较多的正向解析功能。

检测步骤如下：单击“开始”→“程序”→“附件”→“命令提示符”，键入 nslookup www.test.com。按回车键之后即可看到如下结果：

```
Server: cdutetcdns
Address: 192.168.1.1
Name: www.test.com
Address: 192.168.1.2
```

以上结果显示，正在工作的 DNS 服务器的主机名为 cdutetcdns，它的 IP 地址是 192.168.1.1，域名 www.test.com 对应的 IP 地址为 192.168.1.2。那么，在检测到 DNS 服务器 cdutetcdns 已经能顺利实现正向解析的情况下，它的反向解析是否正常呢？也就是说，能否把 IP 地址 192.168.1.2 反向解析为域名 www.test.com？我们在命令提示符中键入 nslookup 192.168.1.2，得到的结果如下：

```
Server: cdutecdns
Address: 192.168.1.1
Name: www.test.com
Address: 192.168.1.2
```

这说明，DNS 服务器的反向解析功能也正常。然而，有的时候，我们键入 nslookup www.test.com，却出现如下结果：

```
Server: cdutetcdns
Address: 192.168.1.1
*** cdutetcdns can’t find www.test.com: Non-existent domain
```

这种情况说明网络中的 DNS 服务器 cdutetcdns 在工作，却不能实现域名 www.test.com 的正确解析。此时，要分析 DNS 服务器的配置情况，看看 www.test.com 这条域名对应的 IP 地址记录是否已经添加到 DNS 的数据库中。另外，有的时候，我们键入 nslookup www.test.com，会出现如下结果：

```
*** Can't find server name for domain: No response from server
*** Can't find www.test.com : Non-existent domain
```

这说明测试主机在目前的网络中，根本没有找到可以使用的 DNS 服务器。此时，我们要对整个网络的连通性做全面检测，并检查 DNS 服务器是否处于正常工作状态。采用逐步排错的方法，找出 DNS 服务器无法启动的根源。

配置好 DNS 服务器，添加相应的记录之后，只要 IP 地址保持不变，一般情况下我们就不再需要维护 DNS 的数据文件了。不过在确认域名解析正常之前，我们最好测试一下所有的配置是否正常。许多人会简单地使用 ping 命令检查一下就算了。不过 ping 指令只是检查网络的连通情况，虽然在输入的参数是域名的情况下会通过 DNS 进行查询，但是只能查询 A 类型和 CNAME 类型的记录，而且只会告诉你域名是否存在，其他的信息一概欠奉。所以如果需要对 DNS 故障进行排错，就必须熟练使用另一个更强大的工具，也就是 nslookup 命令。这个命令可以指定查询的类型，可以查到 DNS 记录的生存时间，还可以指定使用哪台 DNS 服务器进行解释。图 1-5 是作者在自己家里的计算机上运行 nslookup 命令的结果。

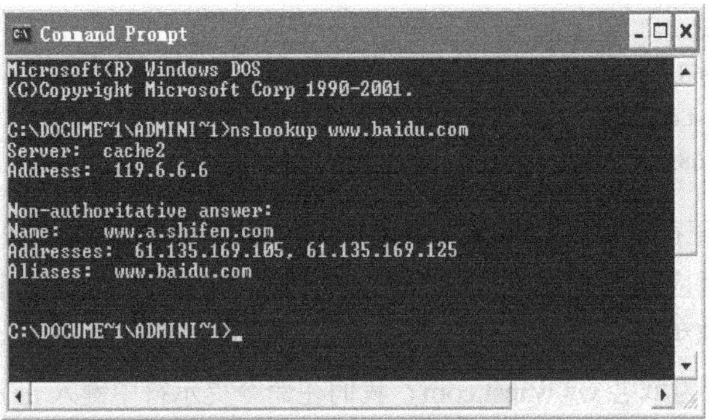

图 1-5　运行 nslookup 命令的结果

- 在 DOS 下运行 nslookup 202.118.176.2 命令，记录该 IP 地址的域名，从显示内容分析配置该 IP 地址的计算机为校园网用户提供何种服务？
- 在 DOS 下运行 nslookup 202.118.176.8 命令，记录该 IP 地址的域名，从域名分析配置该 IP 地址的计算机为校园网用户提供何种服务？
- 在 DOS 下运行 nslookup www.google.com 或 nslookup“你所喜欢网站的域名”命令，观察显示内容，记录该域名的 IP 地址。

5. tracert 命令的使用

tracert 也被称为 Windows 路由跟踪实用程序，在命令提示符中使用 tracert 命令可以确定 IP 数据包访问目标时选择的路径。

```
tracert [-d] [-h maximum_hops] [-j computer-list] [-w timeout] target_name
```

参数说明：

- -d：指定不将地址解析为计算机名。
- -h maximum_hops：指定搜索目标的最大跃点数。
- -j computer-list：指定沿 computer-list 的稀疏源路由。

- -w timeout：每次应答等待 timeout 指定的微秒数。
- target_name：目标计算机的名称。

进入 Windows 命令提示符程序。Windows 7 系统直接在“开始”菜单下方的输入框中输入 cmd 或命令提示符就可以进入了。Windows XP 系统则需要在“开始”菜单中找到“运行”(或按下快捷键 R)，在“运行”对话框中输入 cmd，然后单击“确定”按钮。

在命令行中输入 tracert，并在后面加入一个 IP 地址，可以查询从本机到该 IP 地址所在的计算机要经过的路由器及其 IP 地址。图 1-6 是作者在校园网跟踪到 www.cdutetc.cn 通过的路由。

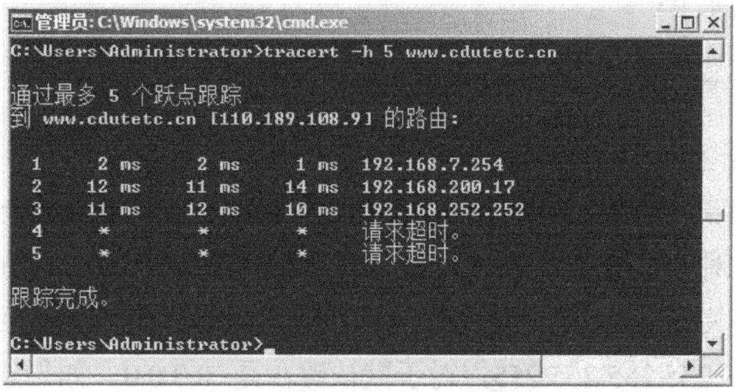

图 1-6 执行 tracert 命令的结果

从左到右的 5 条信息分别代表“生存时间”(每途经一个路由器结点自增 1)、“三次发送的 ICMP 包返回时间”(共计 3 个，单位为毫秒)和“途经路由器的 IP 地址”(如果有主机名，还会包含主机名)。

也可以输入 tracert，后面跟一个网址，DNS 会自动将其转换为 IP 地址并探查出途经的路由器信息。比如在 tracert 命令后面输入百度的 URL 地址，可以发现共查询到 10 条信息，其中带有星号(*)的信息表示这次 ICMP 包返回时间超时。

一般操作方法如下：

```
C:\>tracert www.yahoo.com
 Tracing route to www.yahoo.akadns.net [66.218.71.81] over a maximum of 30 hops
1 10 ms <10 ms <10 ms 192.168.0.7
    2 <10 ms 10 ms <10 ms 210.192.97.129
    3 <10 ms 20 ms 10 ms 192.168.200.21
    4 <10 ms 10 ms 10 ms 203.212.0.69
    5 <10 ms 10 ms 10 ms 202.108.252.1
    6 10 ms 10 ms <10 ms 202.106.193.201
    7 10 ms 20 ms 20 ms 202.106.193.169
    8 <10 ms 10 ms 10 ms 202.106.192.226
    9 <10 ms 10 ms 10 ms 202.96.12.45
    10 20 ms 30 ms 20 ms p-6-0-r1-c-shsh-1.cn.net [202.97.34.34]
    11 20 ms 30 ms 30 ms p-3-0-r3-i-shsh-1.cn.net [202.97.33.74]
    12 160 ms 161 ms 160 ms if-7-7.core1.LosAngeles.Teleglobe.net [207.45.193.73]
    13 200 ms 201 ms 200 ms if-4-0.core1.Sacramento.Teleglobe.net [64.86.83.170]
```

```
14 190 ms 190 ms 190 ms if-2-0.core1.PaloAlto.Teleglobe.net [64.86.83.201]
15 160 ms 160 ms 160 ms ix-5-0.core1.PaloAlto.Teleglobe.net [207.45.196.90]
16 180 ms 180 ms 160 ms ge-1-3-0.msr1.pao.yahoo.com [216.115.100.150]
17 170 ms 210 ms 321 ms vl10.bas1.scd.yahoo.com [66.218.64.134]
18 170 ms 170 ms 170 ms w2.scd.yahoo.com [66.218.71.81]
Trace complete.
```

6. route 命令的使用

route 命令用于在本地 IP 路由表中显示和修改条目。使用不带参数的 route 命令可以显示帮助信息，命令格式如下：

```
route [-f] [-p] [command [destination] [mask sub netmask] [gateway] [metric] [if interface]]
```

command 指定要运行的命令。后面的列表中列出了有效的命令。

destination 指定路由的网络目标地址。目标地址可以是 IP 网络地址(其中网络地址的主机地址位设置为 0)，对于主机路由是 IP 地址，对于默认路由是 0.0.0.0。mask sub netmask 指定与网络目标地址相关联的又称子网掩码。子网掩码对于 IP 网络地址可以是适当的子网掩码，对于主机路由是 255.255.255.255，对于默认路由是 0.0.0.0。如果忽略，使用子网掩码 255.255.255.255。定义路由时由于目标地址和子网掩码之间的关系，目标地址不能比对应的子网掩码更为详细。换句话说，如果子网掩码的一位是 0，那么目标地址中的对应位就不能设置为 1。

gateway 指定超过由网络目标和子网掩码定义的可到达的地址集合的前一个或下一个跃点 IP 地址。对于本地连接的子网路由，网关地址是分配给连接子网接口的 IP 地址。对于要经过一个或多个路由器才可用到的远程路由，网关地址是分配给相邻路由器的、可直接到达的 IP 地址。

metric 为路由指定所需跃点数的整数值(范围是 1～9999)，用来在路由表的多个路由中选择与转发包中的目标地址最为匹配的路由。所选的路由具有最少的跃点数。跃点数能够反映跃点的数量、路径的速度、路径可靠性、路径吞吐量以及管理属性。

if interface 指定目标可以到达的接口的接口索引。使用 route print 命令可以显示接口及对应接口索引的列表。对于接口索引，可以使用十进制值或十六进制值。对于十六进制值，要在十六进制值的前面加上 0x。忽略 if 参数时，接口由网关地址确定。

常见的命令如下：

1) route print：用于显示路由表中的当前项目，由于用 IP 地址配置了网卡，因此所有这些项目都是自动添加的。

2) route add：可以将路由项目添加给路由表。例如，如果要设定一条到目的网络 209.98.32.33 的路由，其间要经过 5 个路由器，首先要经过本地网络上的一个路由器，其 IP 地址为 202.96.123.5、子网掩码为 255.255.255.224，那么应该输入以下命令：

```
route add 209.98.32.33 mask 255.255.255.224 202.96.123.5 metric 5
```

3) route change：可以使用该命令修改数据的传输路由，不过，不能使用该命令改变数据的目的地。下面这个例子可以将数据的路由改到另一个路由器，它采用一条包含 3 个网段的更直的路径：

```
route add 209.98.32.33 mask 255.255.255.224 202.96.123.250 metric 3
```

4) route delete：使用该命令可以从路由表中删除路由。例如：

```
route delete 209.98.32.33
```

下面通过举例来说明 route 命令的常用方法。

例 1-1：要显示 IP 路由表的完整内容，执行以下命令

```
route print
```

例 1-2：要显示 IP 路由表中以 10.开始的路由，执行以下命令

```
route print 10.*
```

例 1-3：要添加默认网关地址为 192.168.12.1 的默认路由，执行以下命令

```
route add 0.0.0.0 mask 0.0.0.0 192.168.12.1
```

例 1-4：要添加目标为 10.41.0.0、子网掩码为 255.255.0.0、下一个跃点地址为 10.27.0.1 的路由，执行以下命令

```
route add 10.41.0.0 mask 255.255.0.0 10.27.0.1
```

例 1-5：要添加目标为 10.41.0.0、子网掩码为 255.255.0.0、下一个跃点地址为 10.27.0.1 的永久路由，执行以下命令

```
route -p add 10.41.0.0 mask 255.255.0.0 10.27.0.1
```

例 1-6：要添加目标为 10.41.0.0、子网掩码为 255.255.0.0、下一个跃点地址为 10.27.0.1、跃点数为 7 的路由，执行以下命令

```
route add 10.41.0.0 mask 255.255.0.0 10.27.0.1 metric 7
```

例 1-7：要添加目标为 10.41.0.0、子网掩码为 255.255.0.0、下一个跃点地址为 10.27.0.1、接口索引为 0x3 的路由，执行以下命令

```
route add 10.41.0.0 mask 255.255.0.0 10.27.0.1 if 0x3
```

例 1-8：要删除目标为 10.41.0.0、子网掩码为 255.255.0.0 的路由，执行以下命令

```
route delete 10.41.0.0 mask 255.255.0.0
```

例 1-9：要删除 IP 路由表中以 10.开始的所有路由，执行以下命令

```
route delete 10.*
```

例 1-10：要将目标为 10.41.0.0、子网掩码为 255.255.0.0 的路由的下一个跃点地址由 10.27.0.1 更改为 10.27.0.25，执行以下命令

```
route change 10.41.0.0 mask 255.255.0.0 10.27.0.25
```

四、实验思考

1. 在实验报告中填写自己的计算机的网络参数，包括物理地址、IP 地址、网关地址以及 DNS 的 IP 地址。
2. 写出实验中配置的 IP 地址的类别、网络号与主机号。
3. 观察你的网络参数和同实验室其他同学的网络参数，哪些不同？哪些相同？
4. 思考如果你的计算机要连接到互联网，需要哪些网络参数？
5. 写出子网掩码及域名服务器的作用。
6. 写出验证 TCP/IP 协议配置是否正确要使用的命令，并写出验证结果。
7. 写出应如何诊断 TCP/IP 协议配置的连通性，并写出诊断结果。
8. 写出所使用主机的 MAC 地址。
9. 请分析网络通信中，域名服务器、网关、ARP 协议所起的作用。

实验 3　网线制作和两台计算机直接互连

一、实验目的

1. 认识制作网线的专用工具。
2. 掌握网线(双绞线)的制作方法。

二、实验内容

1. 认识网线的类别。
2. 制作网线。
3. 使用网线实现两台计算机直连。

三、实验步骤

1. 认识双绞线

双绞线是局域网中最常见的网络传输介质。在网络中常见的是 5 类或 6 类无屏蔽双

绞线，由4对呈螺线排列的导线相互扭绞在一起，并以坚韧的护套包裹而成。这8根导线以不同颜色区分，橙白与橙为一对，用作发送线对(TD+、TD-)；绿和绿白为一对，用作接收线对(RD+、RD-)；蓝与蓝白为一对，棕和棕白为一对，这两对没用，作为预留对。

2. 制作双绞线

双绞线的制作基本上分为七步：准备材料与工具、剥线、排线、剪线、插线、压线和测线。

第一步：准备材料与工具

制作网线的工具包括网线钳(也称RJ-45钳)和测试仪。材料有RJ-45水晶头和双绞线(也叫网线)。图1-7是制作双绞线所需的材料与工具。

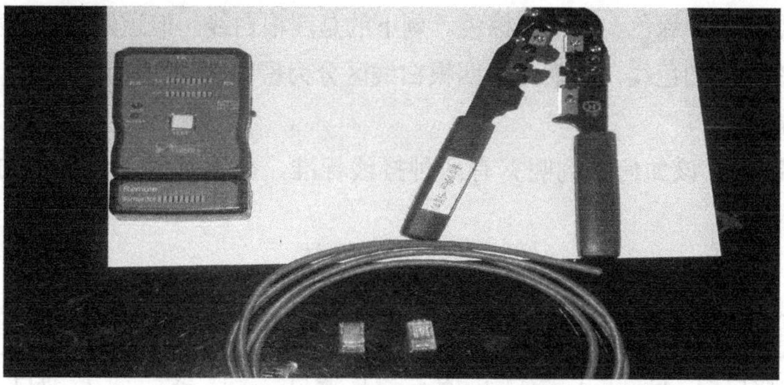

图1-7　制作网线的材料和工具

第二步：剥线

左手拿网线，右手拿网线钳，如图1-8所示。然后把网线放入网线钳的圆槽中，慢慢转动网线和钳子，把网线的绝缘皮割开。注意此过程中用力要恰到好处，过轻则剪不断绝缘皮，过重则会把里面的网线剪断。网线该剪多长呢？一般建议剪1.5厘米～2.5厘米。剥开绝缘皮后，就能看到里面的网线，如图1-9所示。

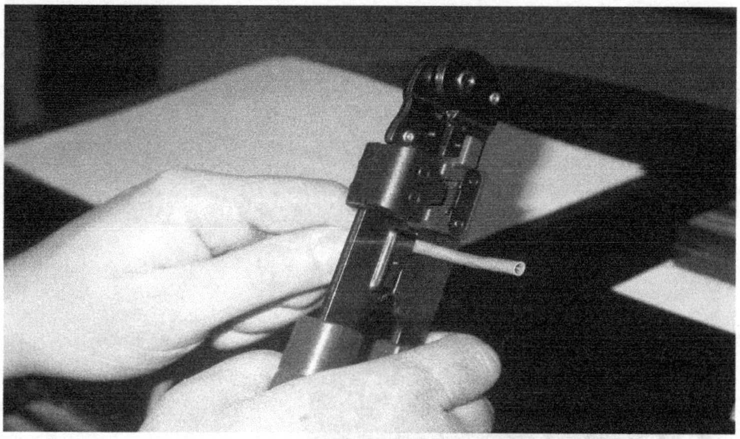

图1-8　剥线

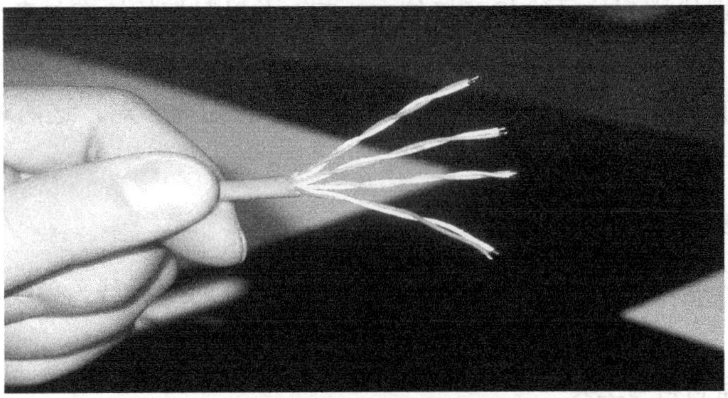

图 1-9　剥线后的网线

网线是由 8 根铜线两两绞合在一起组成的，所以网线一般被称为双绞线。颜色比较深的那几根线分别是橙色、绿色、蓝色和棕色。剩下的是四根白线，但这四根白线并不相同，分别有与之缠绕在一起的色线，我们将这四根白线区分为橙白、绿白、蓝白、棕白。

第三步：排线

双绞线剪断后，该如何排列呢？有两种排线标准，分别是 568A 和 568B。排线顺序如表 1-4 所示。

表 1-4　双绞线排线标准

线序编号	1	2	3	4	5	6	7	8
568B	橙白	橙	绿白	蓝	蓝白	绿	棕白	棕
568A	绿白	绿	橙白	蓝	蓝白	橙	棕白	棕

在排线的时候，用左手的食指和大拇指按住绝缘皮的顶部，用右手的食指和大拇指把网线一根根拉直，然后按照 568A 或 568B 排线标准把网线一根根排列起来。排线时究竟采用 568B 还是 568A 排线标准，要根据制作什么样的双绞线来决定。如果双绞线的两端接头都按相同的标准排线，这样制作的就是直通线。如果一端按照 568B 排线，另外一端按照 568A 排线，这样制作的就是交叉线。直通线一般连接异构设备，而交叉线一般用来连接同构设备，如图 1-10 所示。

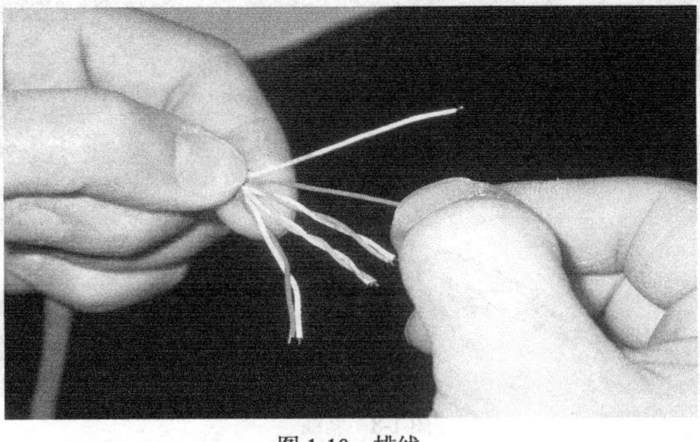

图 1-10　排线

第四步：剪线

线排好后，接下来该把线剪断。一般建议保留 1 厘米～1.5 厘米。剪线要干脆果断，一次就把多余的双绞线全部剪完，并且要求线头是整齐的，如图 1-11 所示。剪线的过程中要注意安全！

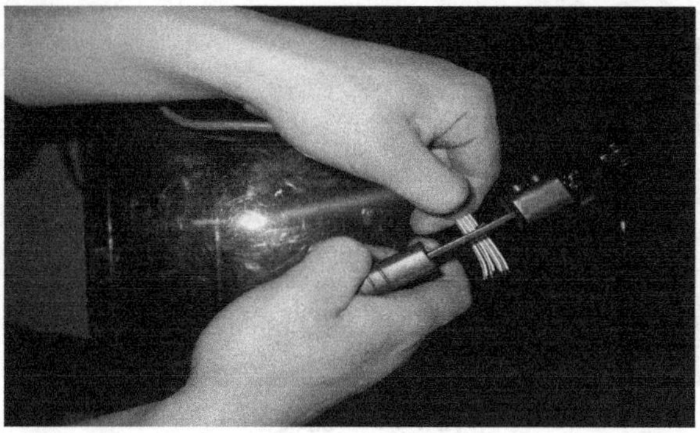

图 1-11　剪线

第五步：插线

剪断线后，左手不要松开，右手拿水晶头，按图 1-12 所示，把网线慢慢插入水晶头内。注意，在送线的过程中要均匀用力，否则可能会串线。

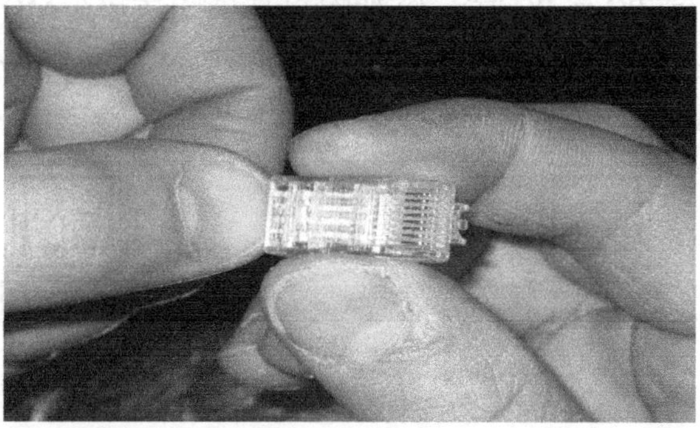

图 1-12　插线

第六步：压线

将插好线后的水晶头放入网线钳的专用压线口中，右手慢慢用力，把弹簧片压紧，如图 1-13 所示。建议压完一次后，退出水晶头，重新插入，再压一次！压线过程中要注意安全！

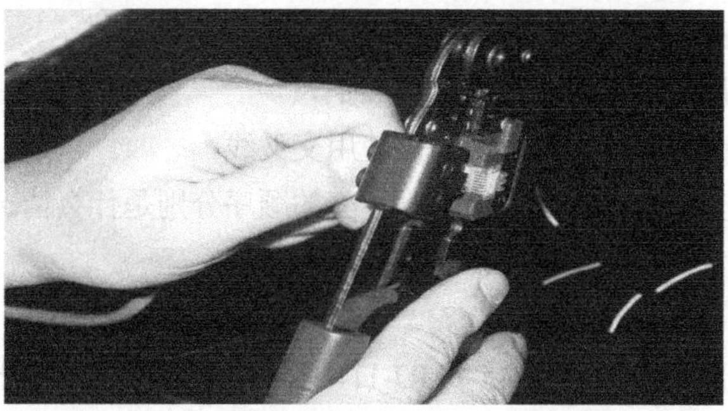

图 1-13　压线

第七步：测线

把网线的一端插入测线仪的 TX 端，将另一端放到 RX 端或 Remote 端，如图 1-14 所示。打开测线仪的开关，如果在自动挡，那么两端的红灯会从 1 相应地亮到 8。如果觉得灯亮得太快，可以打到手动挡，按中间的白色按钮，灯会一个一个地亮。

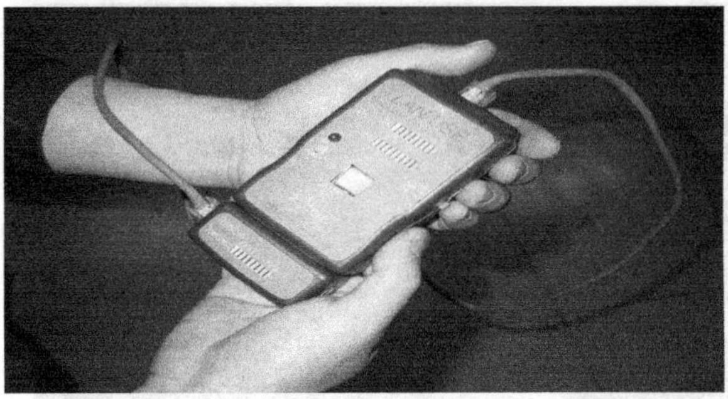

图 1-14　测线

3. 制作交叉线以实现双机互连

使用双绞线实现双机通信。将两台计算机通过交叉双绞线直接连接，如图 1-15 所示，然后为计算机安装网络协议并配置网络属性，使用 ping 命令测试两台计算机之间的连通性。在进行 HUB 级连接时(或 PC 连 PC 时)，应把级联口控制开关放在 MDI(UpLink)口上，同时用直通线相连。如果 HUB 没有专用级联口或无法使用级联口，就必须使用 MDI-X 口级联，这时，我们可用交叉线来达到目的。

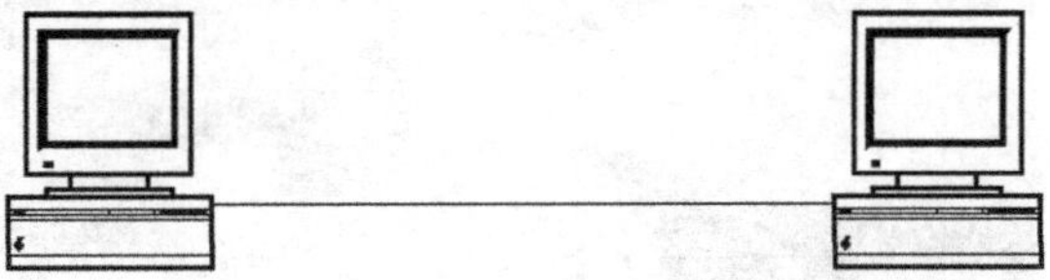

图 1-15　交叉双绞线实现双机通信

采用交换机组网。将两台计算机通过直通线连接到交换机，然后分别设置两台计算机的 IP 地址，例如一台计算机设置成 192.168.1.1，另一台设置成 192.168.1.2，两台计算机就组成了局域网，还可以使用 ping 命令测试两台计算机之间的连通性。

四、实验思考

1. 观察实验用的网线的绝缘皮上有哪些文字？
2. 思考什么时候使用直通线，什么时候使用交叉线。
3. 测试直通线和交叉线时，测试仪信号灯亮的顺序分别是什么情况？
4. 要组建 4 兆以太网，需要选择什么类型的网线？
5. 非屏蔽双绞线一般用在什么场合？
6. 测试仪通常有两个接口：RJ-45 和 RJ-11，测试电话线时，应该插入哪个接口？
7. 总结制作双绞线的方法与步骤。

实验 4　组建小型交换网络

一、实验目的

1. 掌握进行交换机基本配置的步骤和方法。
2. 掌握查看和测试交换机基本配置的步骤和方法。
3. 学会使用 Cisco Packet Tracer 软件。

二、实验内容

1. 配置交换机。
2. 组建小型交换网络。

三、实验步骤

运行 Cisco Packet Tracer 软件，在逻辑工作区放入一台交换机和一台工作站 PC，用控制台(Console)电缆连接交换机和工作站 PC，交换机端接 Console 口，PC 端接 RS232 口。实验环境如图 1-16 所示。说明：只需要利用控制台电缆将两台设备连接(蓝色线)，不用管黑色线。

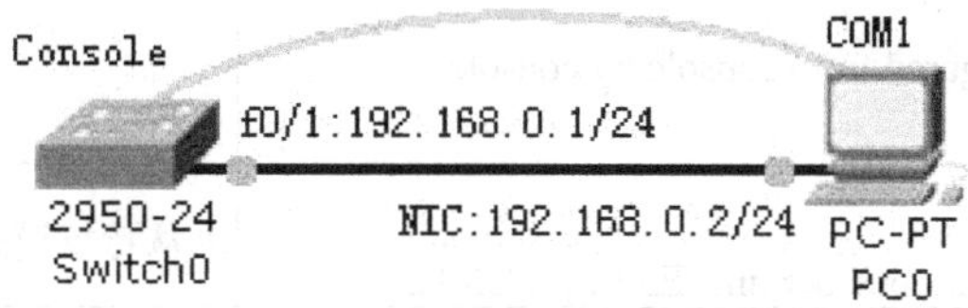

图 1-16　交换机基本配置实验环境

单击工作站 PC，进入其配置窗口，选择“桌面”(Desktop)项，选择运行“超级终端”(Terminal)，弹出“超级终端配置”(Terminal Configuration)对话框，单击 OK 按钮确定。

弹出超级终端运行界面，显示交换机的启动信息，出现“Press RETURN to get started!”提示，按回车键，直到出现用户模式提示符 Switch>。

按表 1-5 对交换机进行基本配置。

表 1-5　交换机配置

命令	解释
Switch>enable	从用户模式进入特权模式
Switch#configure terminal Enter configuration commands, one per line. End with CNTL/Z.	从特权模式进入全局配置模式
Switch(config)#hostname SwitchA	设置交换机的名称为 SwitchA
SwitchA(config)#exit	退到上一级操作模式
Switch#configure terminal	从特权模式进入全局配置模式

(续表)

<table>
<tr><th>命令</th><th>解释</th></tr>
<tr><td>SwitchA(config)#no ip domain-lookup</td><td>禁止域名解析服务，这可以防止敲错 DNS 解析命令时，Cisco 把命令当成地址来找，而且找的过程非常慢，停也停不了，从而避免不必要的延时</td></tr>
<tr><td>SwitchA(config)#end
%SYS-5-CONFIG_I: Configured from console by console
SwitchA#</td><td>退到上一级操作模式</td></tr>
<tr><td>Switch#configure terminal
Enter configuration commands, one per line. End with CNTL/Z.</td><td>从特权模式进入全局配置模式</td></tr>
<tr><td>SwitchA(config)#interface vlan 1</td><td rowspan="4">配置管理 IP</td></tr>
<tr><td>SwitchA(config-if)#ip address 192.168.0.1 255.255.255.0</td></tr>
<tr><td>SwitchA(config-if)#no shutdown
%LINK-5-CHANGED: Interface Vlan1, changed state to up
%LINEPROTO-5-UPDOWN: Line protocol on Interface Vlan1, changed state to up</td></tr>
<tr><td>SwitchA(config-if)#exit</td></tr>
<tr><td>SwitchA(config)#ip default-gateway 192.168.0.254</td><td>设置默认网关地址</td></tr>
<tr><td>SwitchA(config)#end
%SYS-5-CONFIG_I: Configured from console by console
SwitchA#</td><td></td></tr>
<tr><td>SwitchA#conf t
Enter configuration commands, one per line. End with CNTL/Z.</td><td>从特权模式进入全局配置模式</td></tr>
<tr><td>SwitchA(config)#int f0/1</td><td>进入端口 1 配置模式</td></tr>
<tr><td>SwitchA(config-if)#speed ?
10　　Force 10 Mbps operation
100　　Force 100 Mbps operation
auto　　Enable AUTO speed configuration</td><td rowspan="2">配置端口速度</td></tr>
<tr><td>SwitchA(config-if)#speed auto</td></tr>
<tr><td>SwitchA(config-if)#duplex ?
auto　　Enable AUTO duplex configuration
full　　Force full duplex operation
half　　Force half-duplex operation</td><td rowspan="2">端口工作模式配置
?的作用：查看该命令的参数</td></tr>
<tr><td>SwitchA(config-if)#duplex auto</td></tr>
<tr><td>SwitchA(config-if)# end
%SYS-5-CONFIG_I: Configured from console by console
SwitchA#</td><td></td></tr>
<tr><td>SwitchA#show running-config
Building configuration...
Current configuration: 1039 bytes!</td><td></td></tr>
</table>

(续表)

命令	解释
version 12.1 no service password-encryption …… --More--	显示运行时配置文件内容
SwitchA#show startup-config Startup-config is not present	显示启动配置文件内容
SwitchA#show interfaces vlan 1 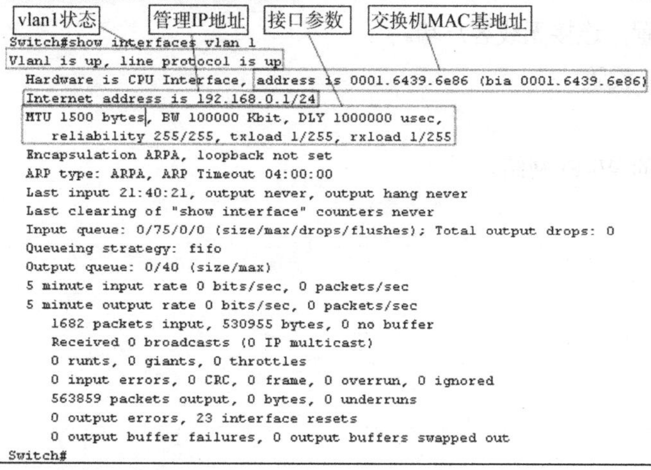 Switch#show interfaces vlan 1 Vlan1 is up, line protocol is up Hardware is CPU Interface, address is 0001.6439.6e86 (bia 0001.6439.6e86) Internet address is 192.168.0.1/24 MTU 1500 bytes, BW 100000 Kbit, DLY 1000000 usec, reliability 255/255, txload 1/255, rxload 1/255 Encapsulation ARPA, loopback not set ARP type: ARPA, ARP Timeout 04:00:00 Last input 21:40:21, output never, output hang never Last clearing of "show interface" counters never Input queue: 0/75/0/0 (size/max/drops/flushes); Total output drops: 0 Queueing strategy: fifo Output queue: 0/40 (size/max) 5 minute input rate 0 bits/sec, 0 packets/sec 5 minute output rate 0 bits/sec, 0 packets/sec 1682 packets input, 530955 bytes, 0 no buffer Received 0 broadcasts (0 IP multicast) 0 runts, 0 giants, 0 throttles 0 input errors, 0 CRC, 0 frame, 0 overrun, 0 ignored 563859 packets output, 0 bytes, 0 underruns 0 output errors, 23 interface resets 0 output buffer failures, 0 output buffers swapped out Switch#	显示 VLAN 信息
SwitchA#show interfaces 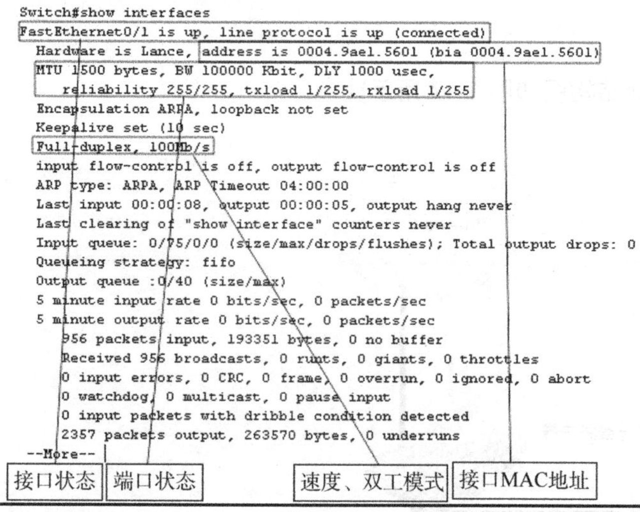 Switch#show interfaces FastEthernet0/1 is up, line protocol is up (connected) Hardware is Lance, address is 0004.9ae1.5601 (bia 0004.9ae1.5601) MTU 1500 bytes, BW 100000 Kbit, DLY 1000 usec, reliability 255/255, txload 1/255, rxload 1/255 Encapsulation ARPA, loopback not set Keepalive set (10 sec) Full-duplex, 100Mb/s input flow-control is off, output flow-control is off ARP type: ARPA, ARP Timeout 04:00:00 Last input 00:00:08, output 00:00:05, output hang never Last clearing of "show interface" counters never Input queue: 0/75/0/0 (size/max/drops/flushes); Total output drops: 0 Queueing strategy: fifo Output queue :0/40 (size/max) 5 minute input rate 0 bits/sec, 0 packets/sec 5 minute output rate 0 bits/sec, 0 packets/sec 956 packets input, 193351 bytes, 0 no buffer Received 956 broadcasts, 0 runts, 0 giants, 0 throttles 0 input errors, 0 CRC, 0 frame, 0 overrun, 0 ignored, 0 abort 0 watchdog, 0 multicast, 0 pause input 0 input packets with dribble condition detected 2357 packets output, 263570 bytes, 0 underruns --More-- 	显示端口信息

四、实验思考

1. 什么是用户模式、特权模式和全局配置模式？
2. 如何从用户模式进入特权模式？
3. 如何配置管理 IP？
4. 设置默认网关地址的命令是什么？
5. 如何配置端口速度？

实验 5　组建无线网络

一、实验目的

1. 使用双绞线将 PC 连接到无线路由器。
2. 配置 PC 的 IPv4 地址并验证，利用无线网卡连接到无线路由器并验证。
3. 配置无线路由器的基本设置，连接无线客户端。
4. 熟练地在手机上进行 Wi-Fi 设置。
5. 能自己开/关 Wi-Fi。
6. 将手机设置为忘记连接过的 Wi-Fi 网络。
7. 连接到新的 Wi-Fi 网络。

二、实验内容

1. 连接到无线路由器。
2. 配置无线路由器。
3. 观察手机的无线网络。

三、实验步骤

1. 连接到无线路由器(实验拓扑结构图如图 1-17 所示)

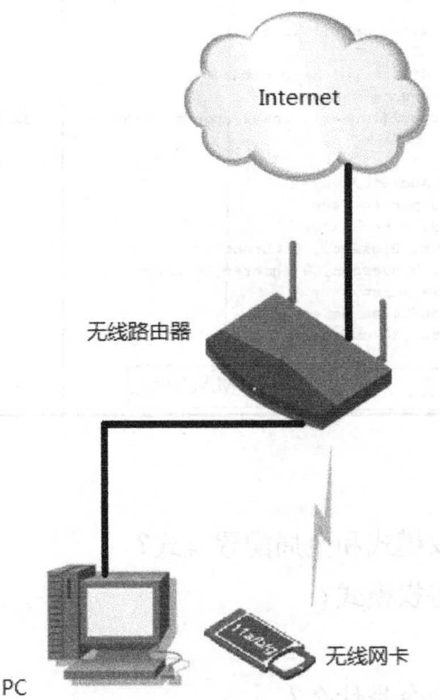

图 1-17　实验拓扑结构图

2. 识别无线路由器端口

在无线路由器上，定位以太网(局域网)端口。用以太网 LAN 口连接网络主机和设备。将 4 个 LAN 口集中在路由器的中心，如图 1-18 和图 1-19 所示。

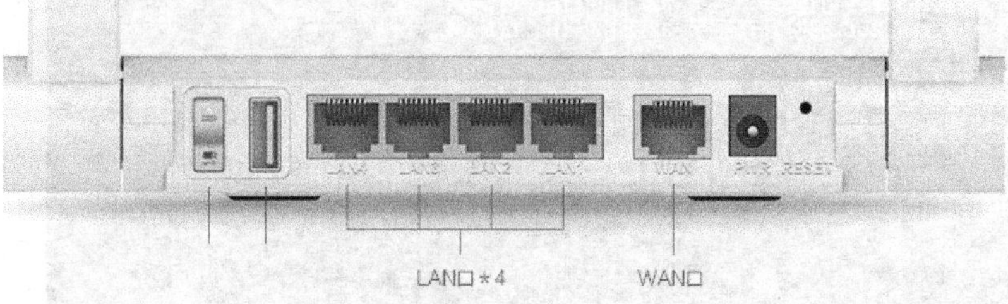

图 1-18　识别 LAN 口和 WAN 口

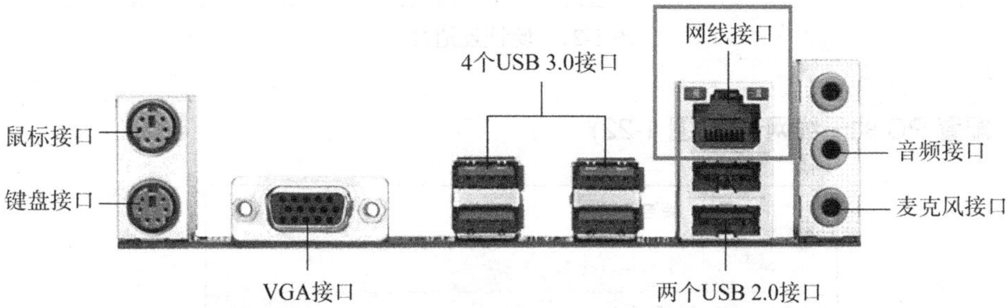

图 1-19　识别主机上的以太网端口

在 PC 上，以太网端口可以集成到主板中，也可以是独立的网络适配器。不管如何，以太网端口都是一个 RJ-45 端口。利用双绞线连接 PC 和无线路由器的以太网端口。

3. 配置 PC 的 IPv4 地址并验证连通性(如图 1-20 和图 1-21 所示)

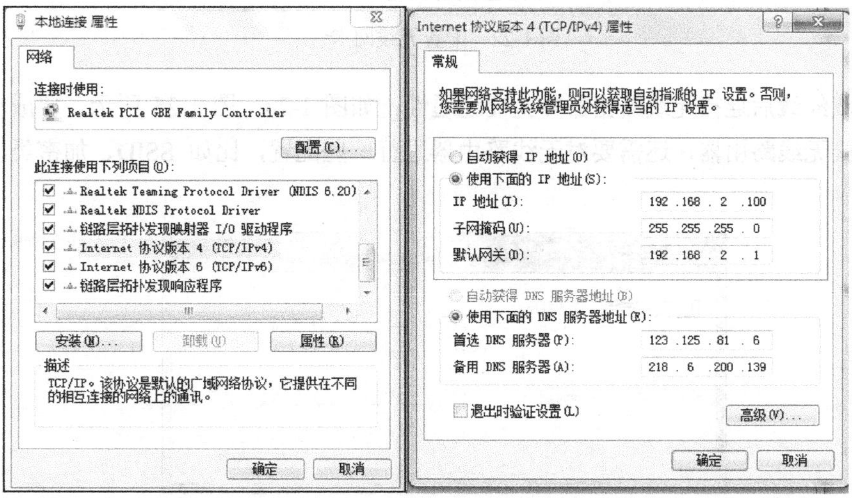

图 1-20　配置 IPv4

图 1-21　验证连通性

4. 配置 PC 的无线网卡(见图 1-22)

图 1-22　配置无线网卡

拔掉双绞线后连接无线路由器并验证连通性，如图 1-23～图 1-25 所示。要成功利用无线网卡连接无线路由器，还需要对无线路由器进行一些配置，比如 SSID、加密类型、验证方式等。

图 1-23　连接无线路由器

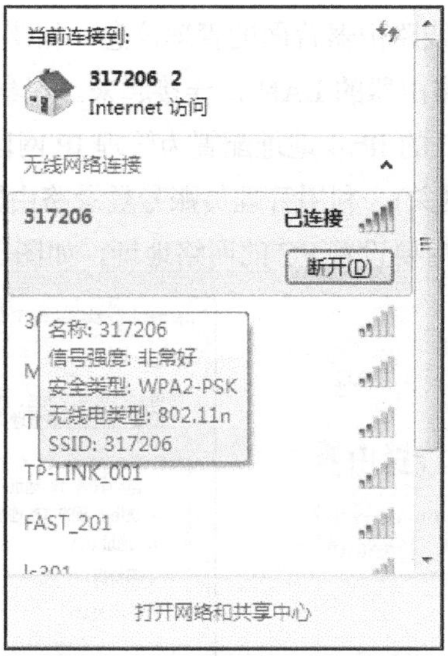

图 1-24　连接无线路由器成功

图 1-25　验证连通性

5. 配置无线路由器(拓扑结构如图 1-26 所示)

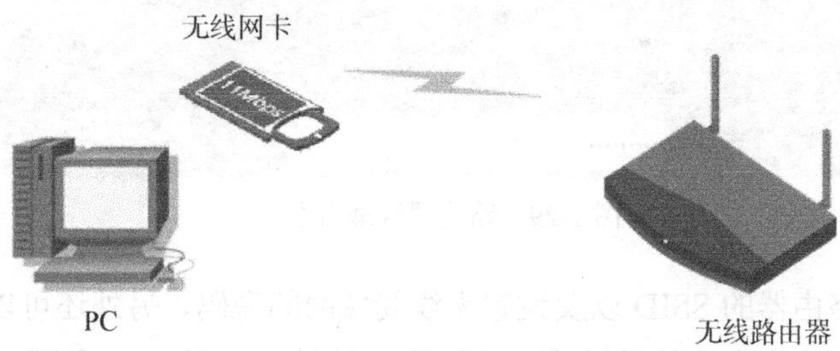

图 1-26　拓扑结构图

在配置前，可以先观察无线路由器背面的管理信息，如图 1-27 所示。利用直通双绞线将 PC 的以太网适配器和无线路由器的 LAN 口连接起来。观察无线路由器底部铭牌的 IP 网关、管理员账号和密码，将 PC 的 IPv4 地址配置为管理 IP 网段中其他任意一个可用 IP。然后在浏览器中输入管理 IP(即网关)，利用管理员账号登录路由器管理页面。从 PC 登录无线路由器管理页面，在登录前，需要设置 PC 的网络地址，如图 1-28 所示。

图 1-27　观察无线路由器的背面信息

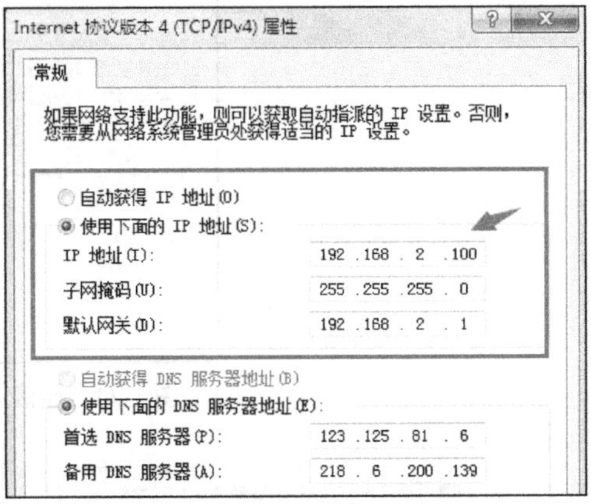

图 1-28　配置 PC 的 IPv4 地址

配置好 PC 的 IP 地址后，就可以访问路由器管理页面了。打开浏览器。在地址栏中输入无线路由器的 IP 地址，如图 1-29 所示。登录无线路由器管理页面后，可以配置无线基本设置。

图 1-29　路由器管理页面

可以配置无线路由器的 SSID 以及设置无线局域网的密码，另外还可以设置 DHCP 服务器，让无线路由器自动为登录的手机或 PC 配置 IP 地址，如图 1-30 和图 1-31 所示。

图 1-30　配置无线 SSID 和安全功能

图 1-31　配置 DHCP 服务器

插入无线网卡后，单击右下角图标，在无线网卡发现的 SSID 中找到本实验所用路由器的 SSID，用鼠标右键单击，在弹出的快捷菜单中选择“属性”，在弹出对话框的“安全”选项卡中填入先前设置的无线安全选项，包括安全类型、加密类型、安全密钥(即 PSK 码)。设置好以后单击“连接”，等待数秒后即可成功连接到无线路由器，如图 1-32 和 1-33 所示。

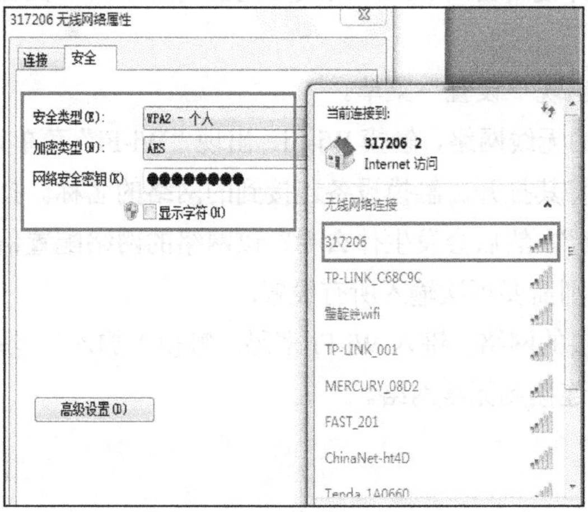

图 1-32　配置无线网卡

图 1-33　连接无线路由器

6. 使用手机登录到无线网络

(1) 在 Android 设备上配置 Wi-Fi 设置

步骤 1：打开手机设备。如果需要，打开设备时需要使用密码、PIN 码或其他密码登录手机。

步骤 2：访问设置。用手指触摸手机的“通知”和“系统”图标，触摸“设置”图标，出现“设置”菜单。

步骤 3：如果想把手机设置为忘记无线网络，用手指触摸 WLAN 开关，将之关闭，再次触摸 Wi-Fi 开关，打开 WLAN，触摸设备连接到的网络的名称。出现“Wi-Fi 详细信息”窗口。触摸“不保存”。然后会发生什么呢？该网络的网络配置信息被删除。如果需要再次连接到该无线网络，则需要再次输入所有设置。

步骤 4：连接到无线网络。触摸设备所连接的网络，键入 Wi-Fi 密码以连接到无线局域网。触摸连接。然后会发生什么呢？如果所有配置正确，设备会连接到无线网络，如图 1-34 所示。

图 1-34　连接到无线路由器

(2) 在 iOS 设备上配置 Wi-Fi 设置

步骤 1：访问设备。如果需要，打开设备并使用密码、PIN 码或其他密码登录，手机主屏幕出现。

步骤 2：访问设置。触摸“设置”图标，出现“设置”菜单。

步骤 3：如果想把手机设置为忘记连接过的无线网络，触摸 Wi-Fi，出现“Wi-Fi”菜单，将 Wi-Fi 开关滑动至 OFF。再滑动 Wi-Fi 开关将其打开。触摸设备连接到的网络的名称。打开“Wi-Fi 详细信息”窗口，触摸“忽略此网络”。然后会发生什么呢？该网络的网络配置信息被删除。如果需要再次连接到该无线网络，则需要再次输入所有设置。

步骤 4：连接到无线网络。触摸设备所连接的网络。键入 Wi-Fi 密码。触摸“加入”。然后会发生什么呢？如果所有配置正确，设备会连接到无线网络。

四、实验思考

1. 无线网络与有线网络相比，有什么优点？

2. 根据家中无线路由器的用户手册中的说明和步骤，配置无线网络。
3. 记录常用的验证方式有哪些？
4. 能否不使用 DHCP 服务？
5. 说出无线 SSID 的作用。
6. 如何限制某台计算机或手机登录无线网络？

实验 6　配置主机防火墙

一、实验目的

1. 访问防火墙设置，添加新的防火墙规则。
2. 创建防火墙规则以拒绝 ping 请求。
3. 使用串行控制台电缆连接到 Cisco 设备。
4. 理解防火墙概念。
5. 掌握防火墙规则设置。

二、实验内容

1. 配置主机防火墙。
2. 配置远程登录。
3. 配置 Cisco 设备并用 SSH 远程登录到此设备。

三、实验步骤

防火墙可以利用一些规则阻止或允许用户的数据包进入或流出，以便更好地帮助管理企业或学校用户访问 Internet。在这个实验中，将为防火墙创建一条规则来阻止 ping 请求，当然防火墙也可以管理多种多样的 IP、TCP、UDP 协议流量。实验拓扑图如图 1-35 所示。

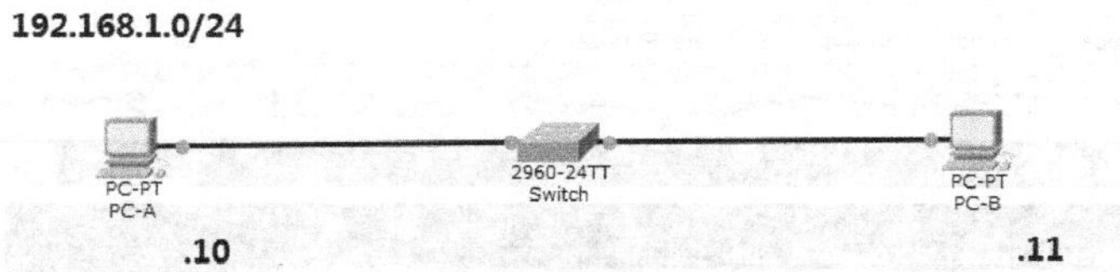

图 1-35　防火墙实验拓扑图

IP 地址的分配如图 1-36 所示。

地址表

设备	接口	IP地址	子网掩码
PC-A	NIC	192.168.1.10	255.255.255.0
PC-B	NIC	192.168.1.11	255.255.255.0

图 1-36　IP 地址分配图

通过添加或删除一些防火墙规则，可以有效地阻止或允许用户的网络行为。比如，阻止 ICMP 协议可以防止主机被 PING 命令探测，允许 TCP 80 端口可以放行访问本机 Web 服务的流量。

1. 配置主机 IP 地址

配置 PC-A 和 PC-B 的 IP 地址，并将这两台主机连到交换机上，使得 PC-A 可以成功地 ping 通 PC-B，如图 1-37 和 1-38 所示。接着测试 PC-A 和 PC-B 之间的网络连通性，如图 1-39 所示。

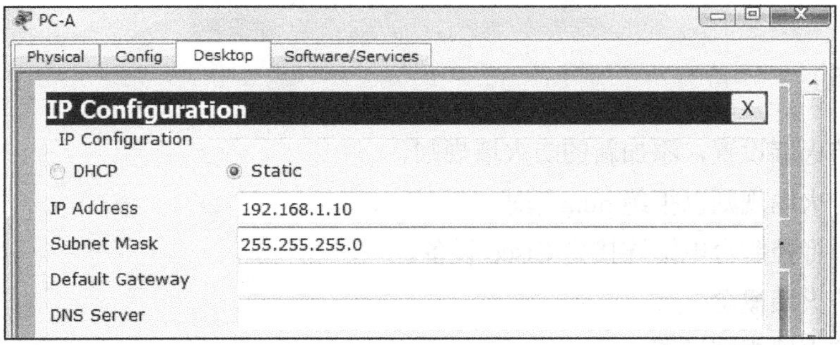

图 1-37　配置 PC-A

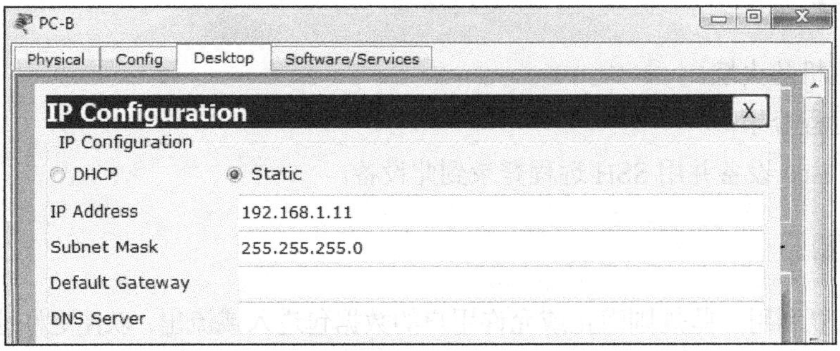

图 1-38　配置 PC-B

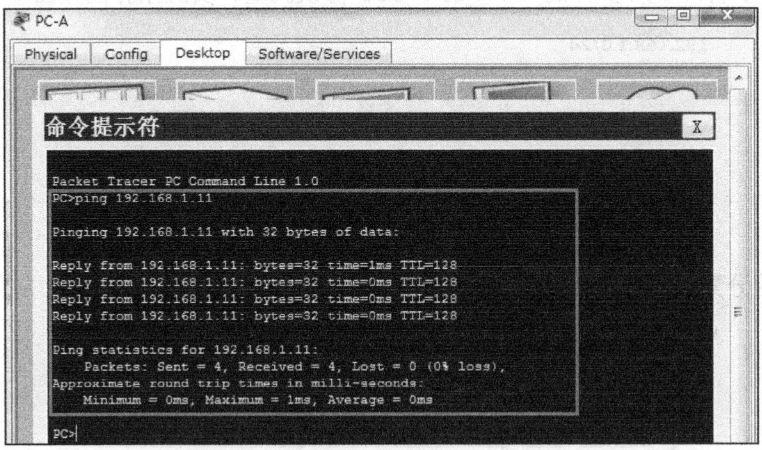

图 1-39　测试 PC-A 和 PC-B 的连通性

2. 配置 PC-B 主机的防火墙

配置 PC-B 主机的防火墙设置，添加一条规则，阻止来自 192.168.1.10 的 ICMP 请求包。如果要阻止某个网络，可添加一条对网络 192.168.1.0 的阻止规则，如图 1-40 和图 1-41 所示。

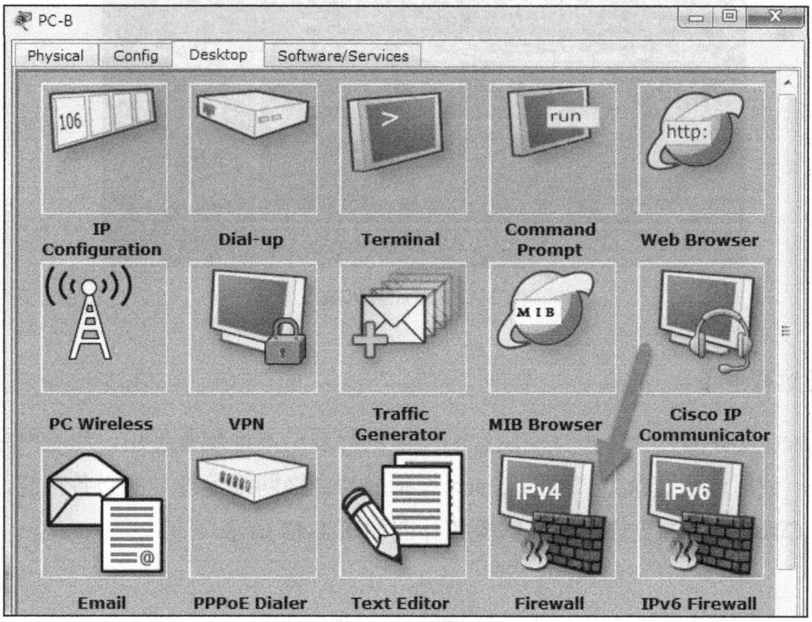

图 1-40　进入 PC-B 防火墙

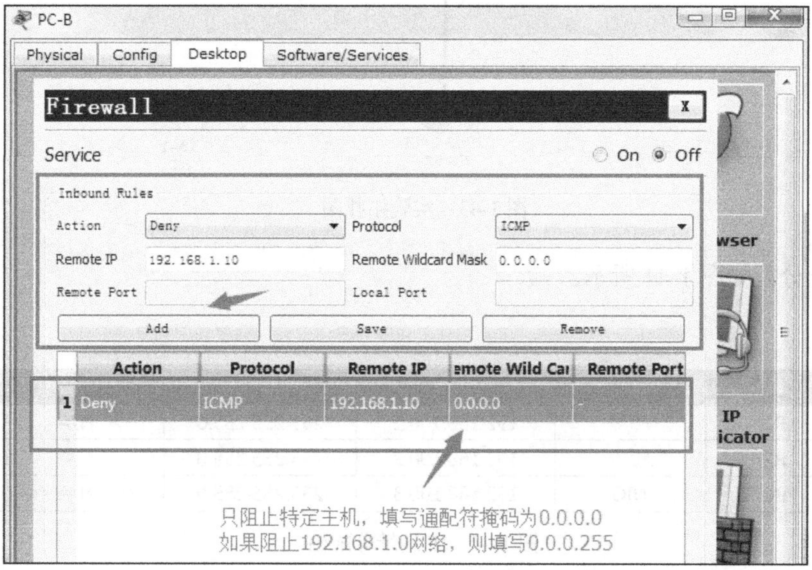

图 1-41　配置 PC-B 防火墙

3. 测试防火墙是否生效

在图 1-42 中可以看到消息 request timed out，表示请求超时，PC-A 发出的 ICMP 请求包被 PC-B 防火墙成功阻止。

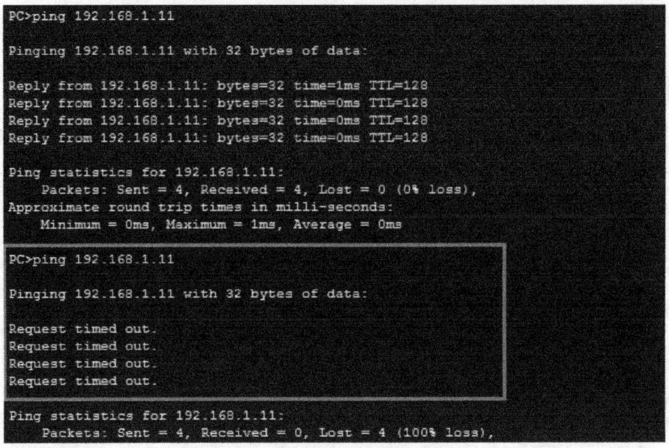
PC>ping 192.168.1.11

Pinging 192.168.1.11 with 32 bytes of data:

Reply from 192.168.1.11: bytes=32 time=1ms TTL=128
Reply from 192.168.1.11: bytes=32 time=0ms TTL=128
Reply from 192.168.1.11: bytes=32 time=0ms TTL=128
Reply from 192.168.1.11: bytes=32 time=0ms TTL=128

Ping statistics for 192.168.1.11:
    Packets: Sent = 4, Received = 4, Lost = 0 (0% loss),
Approximate round trip times in milli-seconds:
    Minimum = 0ms, Maximum = 1ms, Average = 0ms

PC>ping 192.168.1.11

Pinging 192.168.1.11 with 32 bytes of data:

Request timed out.
Request timed out.
Request timed out.
Request timed out.

Ping statistics for 192.168.1.11:
    Packets: Sent = 4, Received = 0, Lost = 4 (100% loss),

图 1-42　验证防火墙

4. 配置远程登录

每台 Cisco 设备都有一个串行控制台端口以供管理员本地配置使用，随着网络规模变大与距离变远，使用远程登录方式配置 Cisco 设备成为合格网络管理员的必备技能，也是学习网络设备和 Cisco 技术的更佳方式。实验拓扑图如图 1-43 所示。

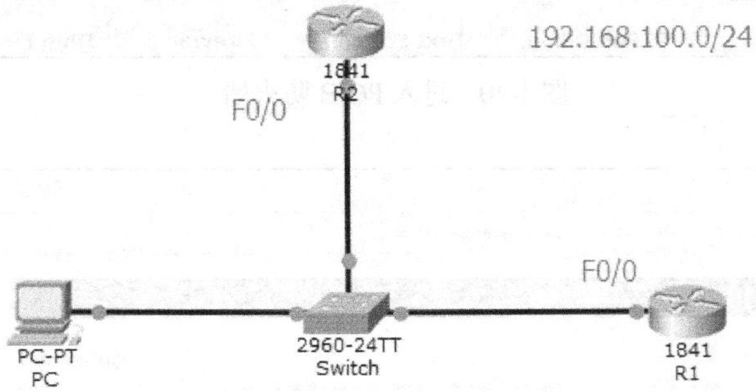
192.168.100.0/24
1841
R2
F0/0
F0/0
PC-PT
PC
2960-24TT
Switch
1841
R1

图 1-43　实验拓扑图

IP 地址分配如图 1-44 所示。

地址表

设备	接口	IP地址	子网掩码	默认网关
R1	F0/0	192.168.100.1	255.255.255.0	N/A
R2	F0/0	192.168.100.2	255.255.255.0	N/A
PC	NIC	192.168.100.3	255.255.255.0	N/A

图 1-44　IP 地址分配图

5. 配置主机和路由器 IP 地址

配置 PC、R1 和 R2 的 IP 地址，并将它们连到交换机上，使得 PC 和 R2 可以成功地 ping 通 R1，如图 1-45～图 1-47 所示。

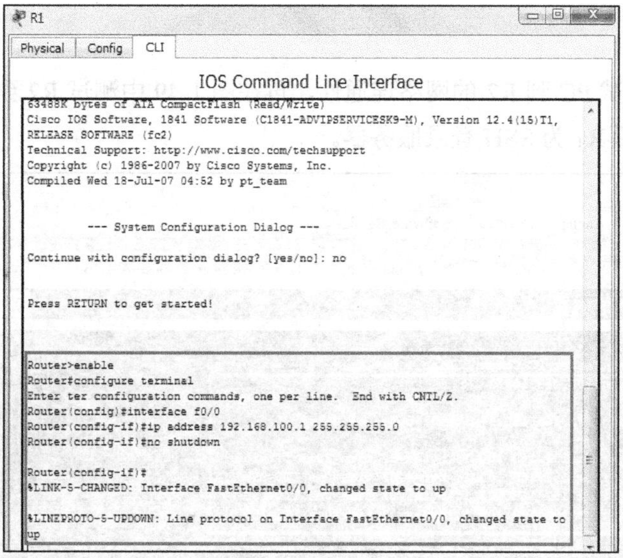

图 1-45　配置 R1 的 IP 地址

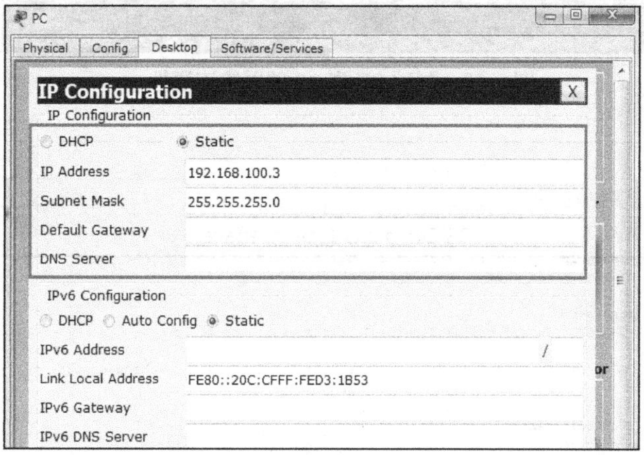

图 1-46　配置 PC 的 IP 地址

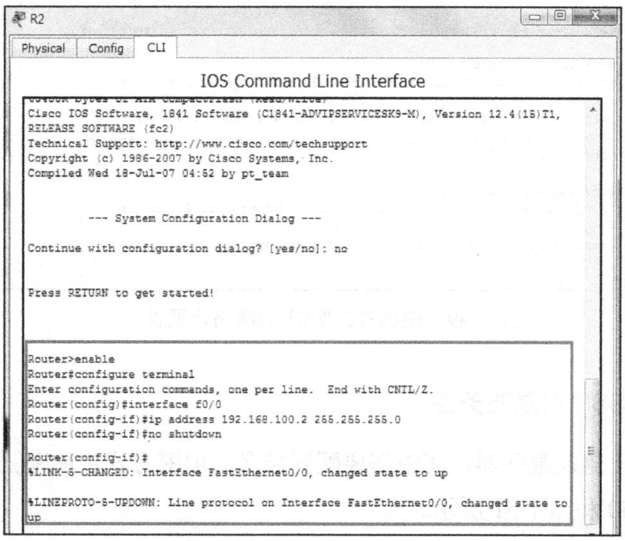

图 1-47　配置 R2 的 IP 地址

6. 测试连通性

在图 1-48 中测试 PC 到 R2 的网络连通性，再在图 1-49 中测试 R2 到 R1 的连通性。测试网络连通后，配置 R1 为 SSH 登录服务器。

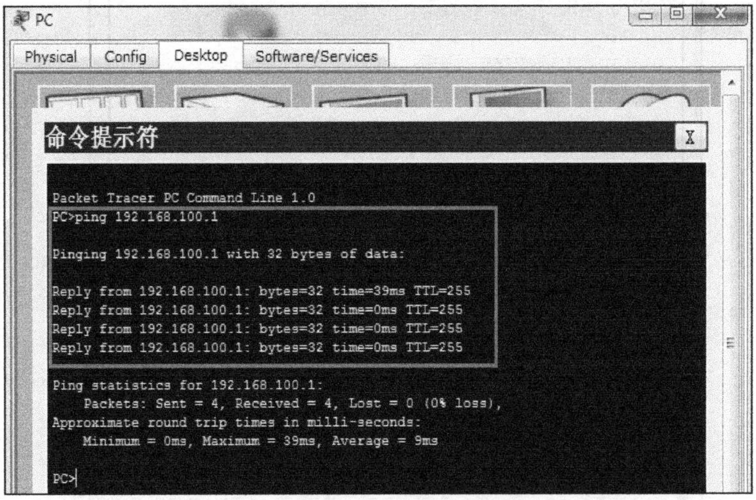

图 1-48　测试 PC 到 R2 的网络连通性

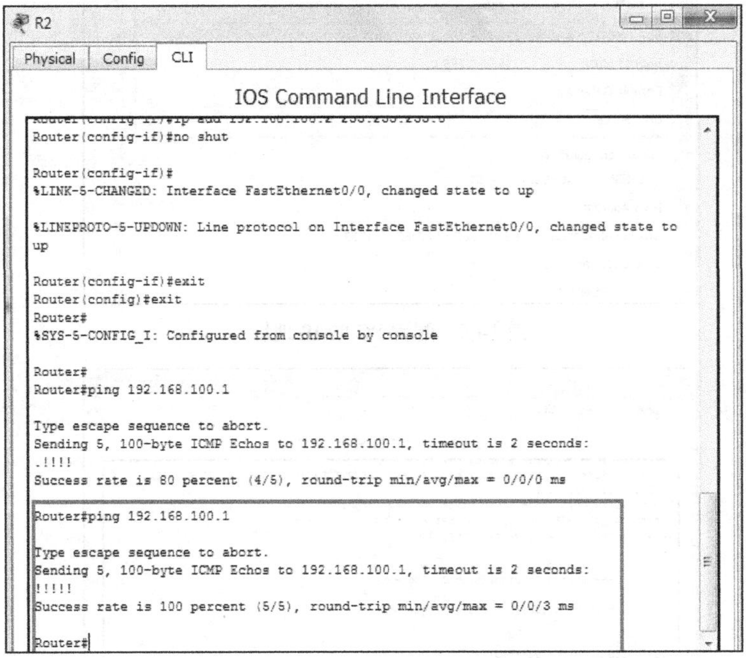

图 1-49　测试 R2 到 R1 的网络连通性

7. 配置 R1 为 SSH 登录服务器

配置 R1 为 SSH 登录服务器，其中需要配置域名、加密方式、加密强度、登录线路、登录方式等，如图 1-50 和图 1-51 所示。

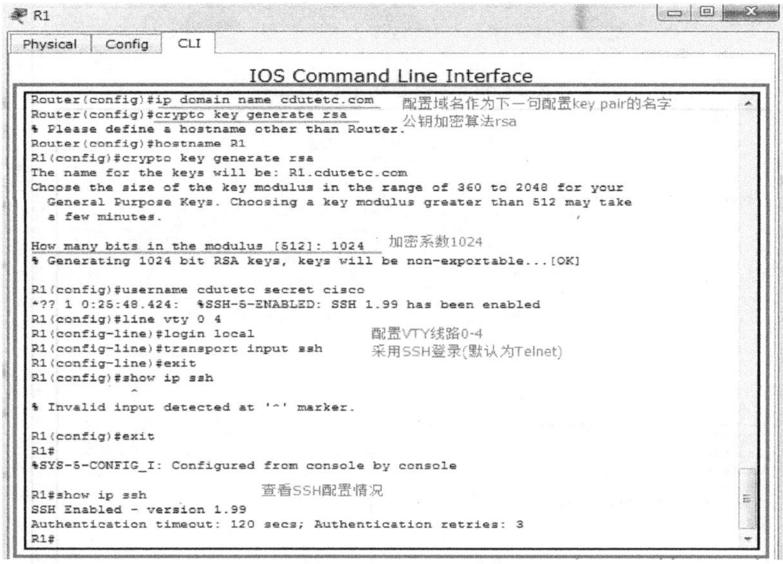

图 1-50　配置 SSH

继续配置 SSH 登录超时时间、SSH 版本、认证重试次数等。

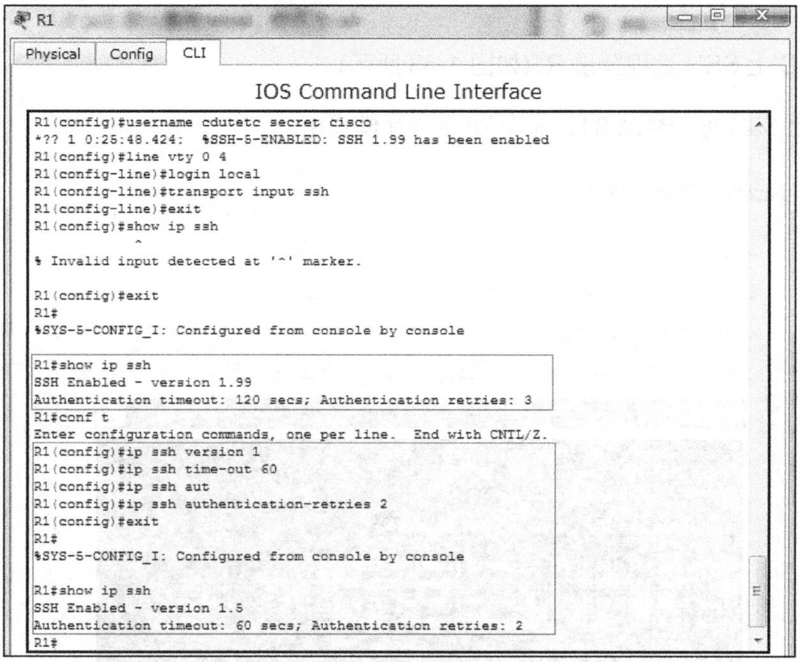

图 1-51　配置 SSH 参数

8. 在 R2 上 SSH 远程登录 R1(如图 1-52 所示)

在 R2 上 SSH 远程登录 R1，命令为(全局模式):

```
ssh -l cdutetc 192.168.100.1    cisco
```

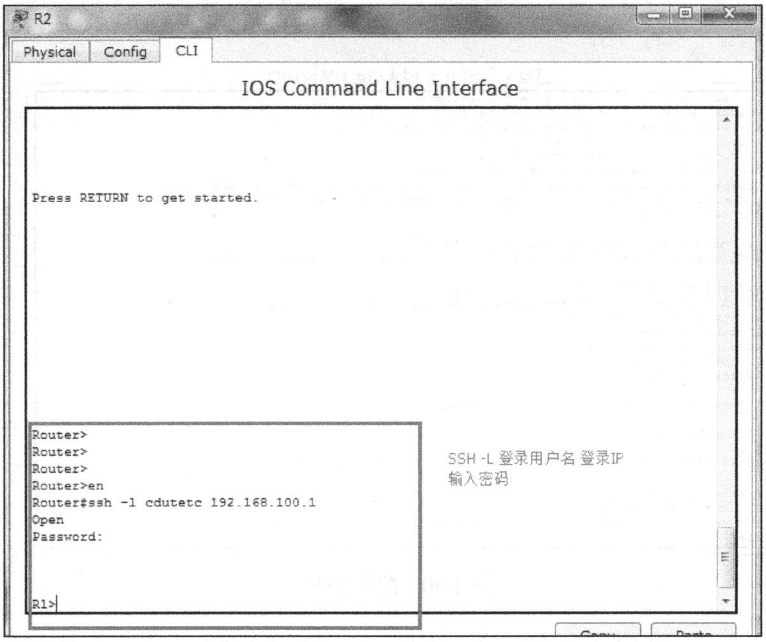

图 1-52　在 R2 上 SSH 远程登录 R1

9. 在 PC 上 SSH 远程登录 R1(如图 1-53 所示)

在 PC 上 SSH 远程登录 R1，命令为(命令行模式)：

```
ssh -l cdutetc 192.168.100.1
cisco
```

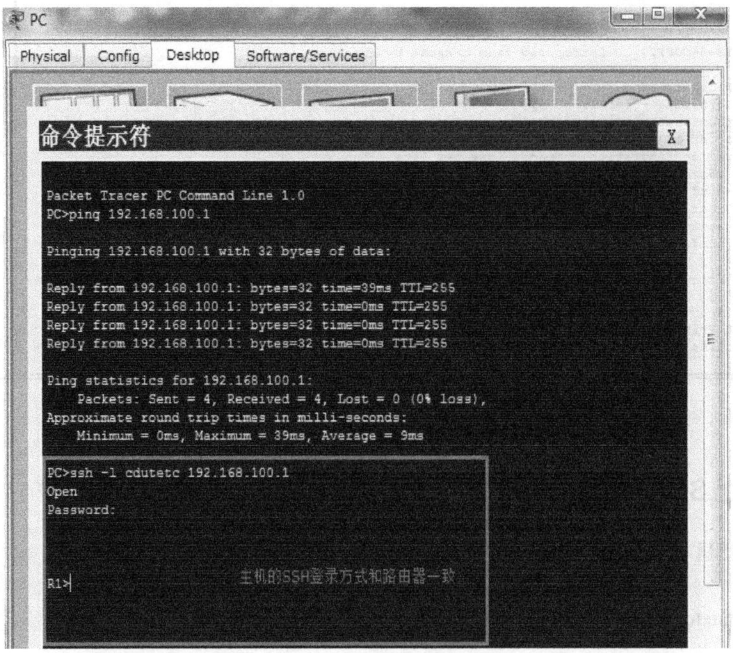

图 1-53　在 PC 上 SSH 远程登录 R1

四、实验思考

1. 使用有线与无线连接无线路由器有何优缺点。
2. 在用无线网卡连接无线路由器成功后，进入cmd命令行提示符窗口，利用命令 ipconfig /all 查看无线网卡的信息。
3. 思考无线安全协议 WEP、WPA、WPA2 的区别。
4. 配置 PC-B 防火墙，阻止 PC-A 访问 PC-B 的 Web 页面。
5. 配置 PC-B 防火墙，同时阻止 PC-A 访问 PC-B 的 Web 页面和 Telent 登录。
6. 对比 Telnet、HTTP、SSH、HTTPS 四种远程登录方式。
7. 在 SSH 远程登录 R1 后，继续配置 R1。

第2章　应用服务器配置实验

实验7　组建 FTP 服务器

一、实验目的

1. 熟练掌握 Windows 服务器操作系统的安装。
2. 熟练掌握在服务器上安装 FTP 角色并配置。
3. 熟练掌握访问 FTP 的各项功能。

二、实验内容

1. 添加应用程序服务器。
2. 组建 FTP 站点。
3. 测试 FTP 站点功能。

三、实验步骤

1. 设置 Windows Server 2003 主机 IP 地址

用鼠标右击“网上邻居”图标，在弹出菜单中选择“属性”，在打开窗口中用鼠标右击“本地连接”图标，在弹出菜单中选择“属性”，在打开的对话框中双击 TCP/IP 协议，将 IPv4 地址、子网掩码、默认网关改为如图 2-1 所示设置。

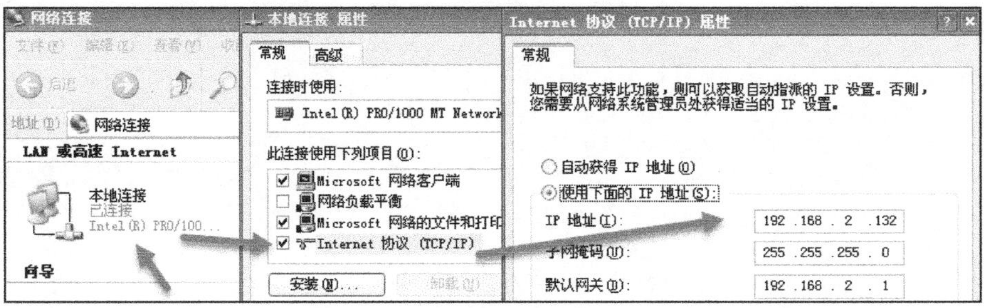

图 2-1　设置 IP 地址

2. 为 Windows Server 2003 添加服务器角色

单击“开始”菜单→“程序”→“管理工具”→“管理您的服务器”，为 Windows Server 2003 添加第一个角色。在弹出的窗口中单击“添加角色到您的服务器”右侧的“添加或删除角色”，如图 2-2 所示。

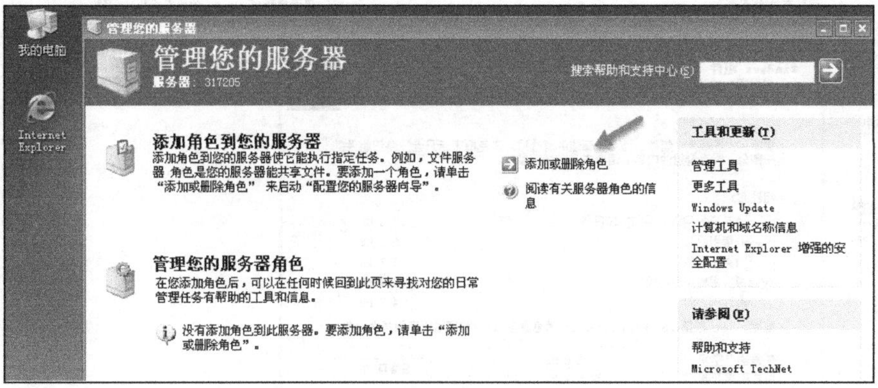

图 2-2　添加服务器角色

在列出的“服务器角色”中选中“应用程序服务器(IIS，ASP.NET)”，单击“下一步”进行该角色的安装，如图 2-3 所示。

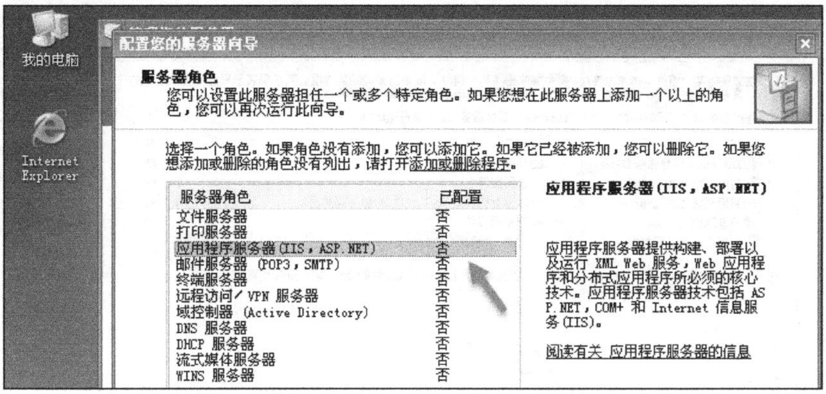

图 2-3　添加应用程序服务器

由于 FTP 在应用程序服务器中并不是默认安装的功能，因此还需要在添加/删除程序功能界面将 FTP 服务组件安装上。

单击“开始”→“设置”→“控制面板”→“添加删除程序”，如图 2-4 所示。在弹出对话框的左下部分单击“添加/删除 Windows 组件”，如图 2-5 所示。然后选中“应用程序服务器”复选框，单击“详细信息”按钮，在打开的“Internet 信息服务(IIS)”对话框中找到“文件传输协议(FTP)服务”后选中并单击“确定”按钮进行安装，如图 2-6 所示。

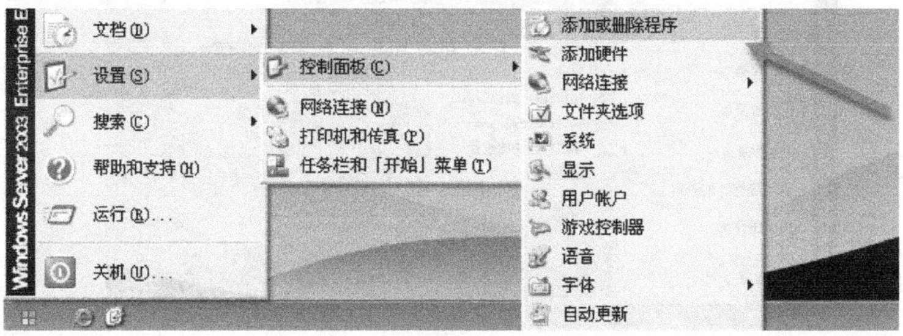

图 2-4　添加或删除程序

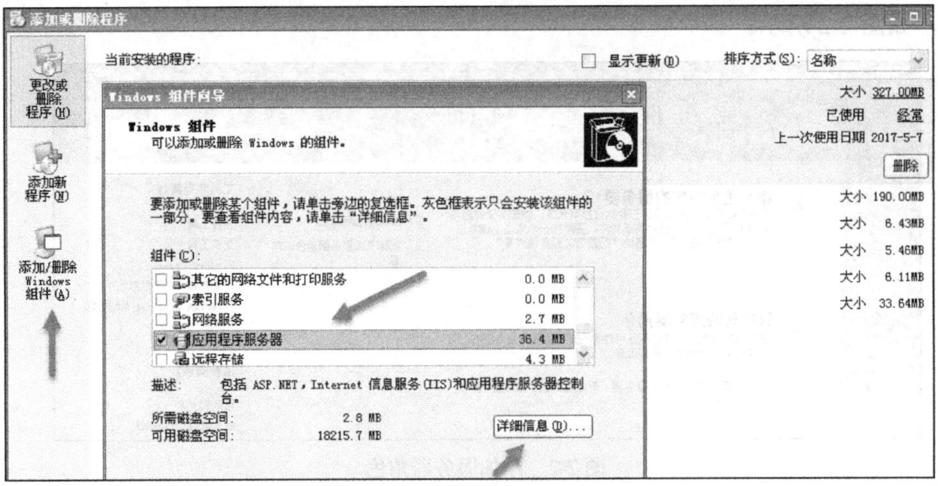

图 2-5　添加新组件

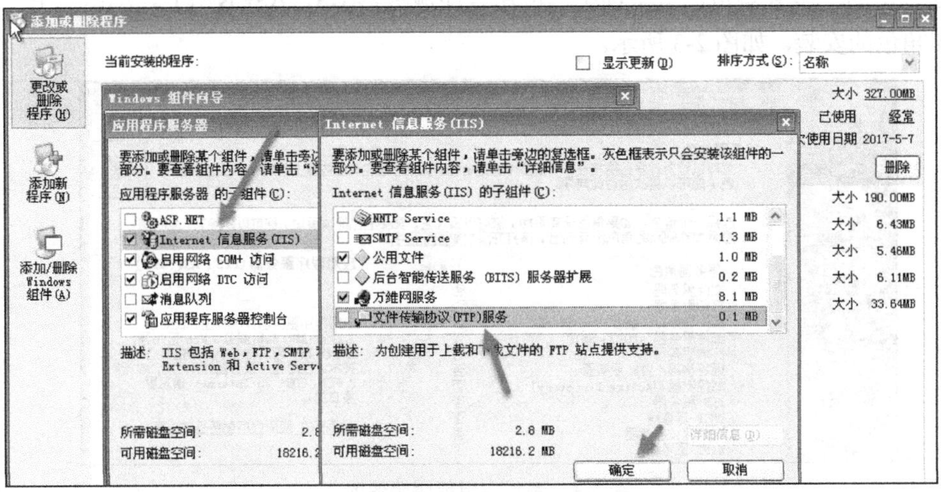

图 2-6　添加 FTP 服务

3. 在 Windows Server 2003 下新建 FTP 服务器

安装好 FTP 服务组件以后，就可以在 Windows Server 2003 下安装 FTP 服务角色了。具体过程如图 2-7～图 2-12 所示。

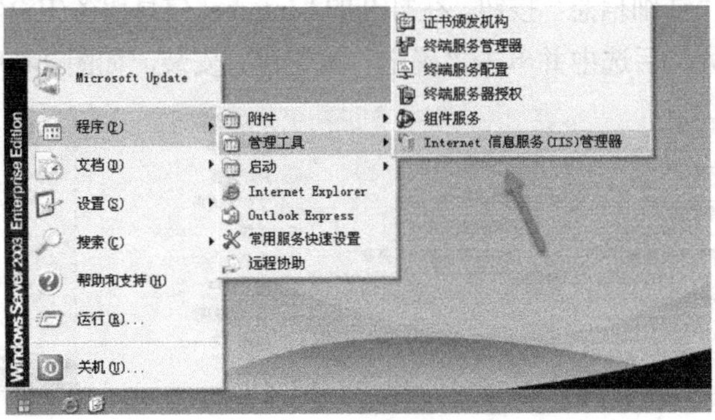

图 2-7　打开 IIS 管理器

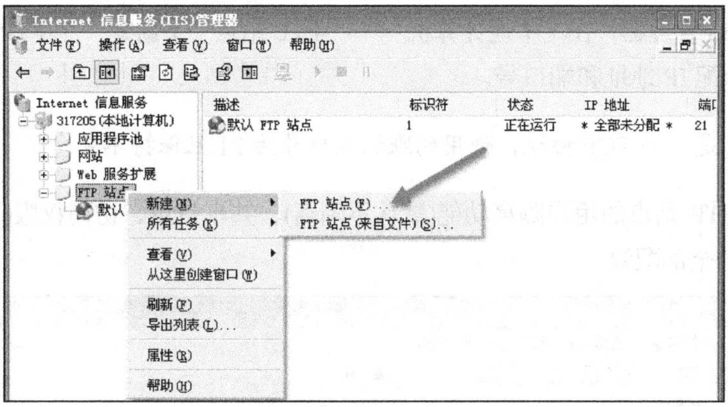

图 2-8　新建 FTP 站点

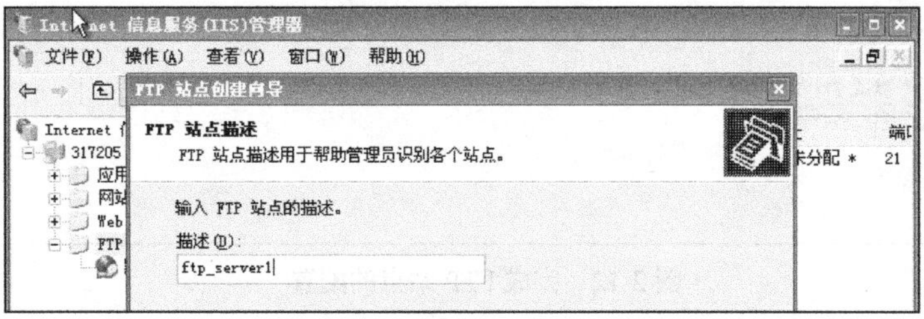

图 2-9　设置站点名称

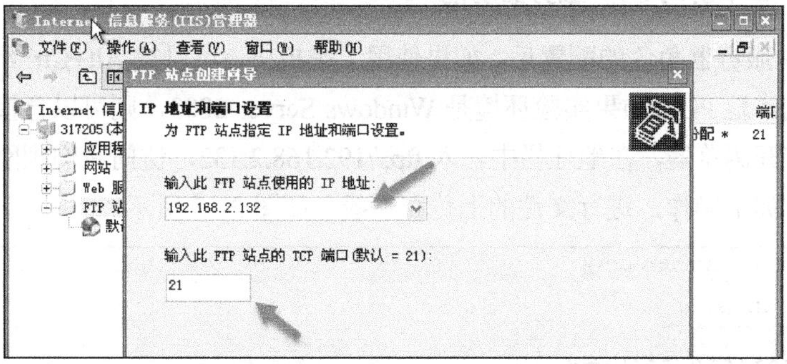

图 2-10　设置站点 IP 地址和端口号

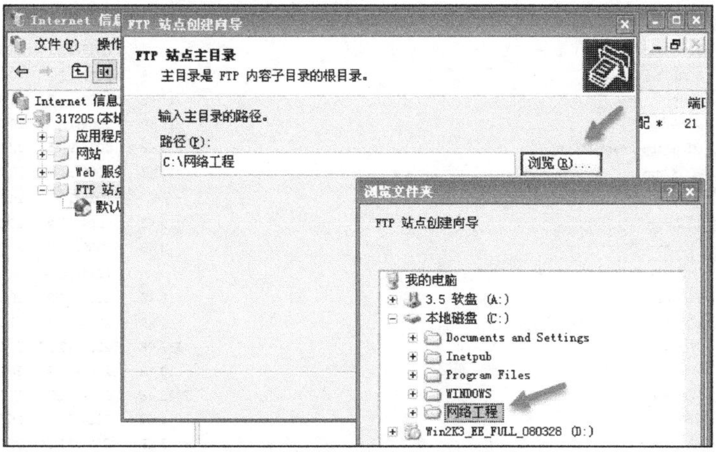

图 2-11　设置 FTP 共享目录

首先打开 IIS 管理器，在“本地计算机”→“-FTP 站点”下新建一个 FTP 站点，输入站点名，为站点分配 IP 地址和端口号。

注意：FTP 是一个 TCP 协议，使用的默认端口号为 21 且保持不变。

然后设置 FTP 站点的用户隔离功能(默认不隔离)、共享目录、访问权限(可读与可写)，完成 FTP 站点的全部配置。

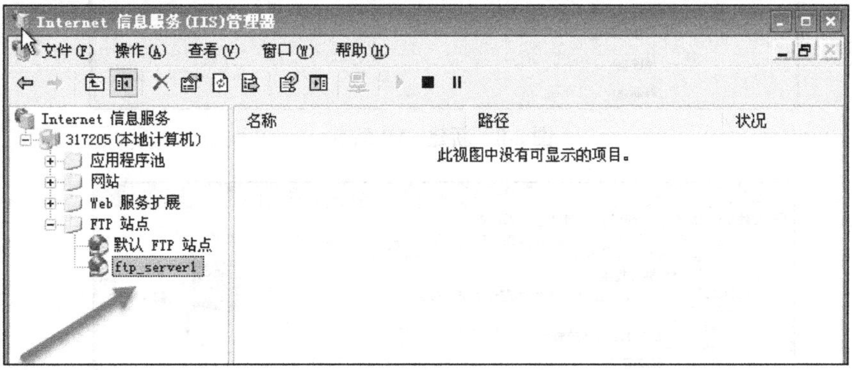

图 2-12　完成 FTP 站点的配置

4. 在本地 PC 下访问 FTP 服务器功能

完成对 FTP 服务器角色的配置后，如果使用了虚拟机，可以按 Alt+Ctrl 组合键，从虚拟机内弹出鼠标到本地 PC。如果实验环境是 Windows Server 2003，则可以直接在网络中选择一台计算机，打开浏览器，在地址栏中输入 ftp://192.168.2.132，访问我们刚刚建立的文件服务器。可以进行如下操作，进行文件的上传和下载，如图 2-13 所示。

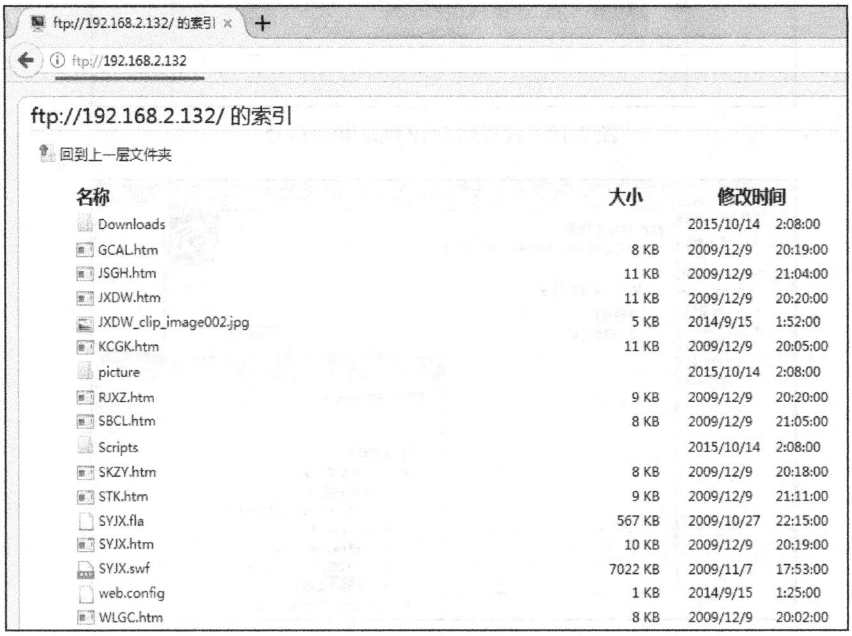

图 2-13　访问 FTP 站点

1) 点选任意文件，用鼠标右键复制，粘贴到本地桌面。如果复制、粘贴成功，说明 FTP 站点的读取功能是完整的。

2) 在 FTP 站点下新建文本文档，打开文本文档，输入任意字符后保存。如果保存文档成功，说明 FTP 站点的写入功能是完整的。

四、实验思考

1. 如何为 FTP 站点添加账户名和密码以保证访问的安全性。
2. 如果在配置 FTP 服务器时，默认端口不再是 21，那么在使用 FTP 客户端工具进行上传和下载时，是否需要改变端口号？
3. 试着在宿舍里配置一台 FTP 服务器，供同宿舍同学进行文件的上传和下载。
4. 在自己创建的 FTP 服务器上为同宿舍同学创建登录账号和密码。
5. 什么是匿名账户、匿名账户的默认权限有哪些？
6. 列出常见的 FTP 客户端软件，选择一款软件进行文件的上传和下载。

实验 8　组建 Web 服务器

一、实验目的

1. 熟练掌握 Windows 服务器操作系统的安装。
2. 熟练掌握在服务器上安装 Web 角色并配置。
3. 熟练掌握访问 Web 的各项功能。

二、实验内容

1. 添加应用程序服务器角色。
2. 组建 Web 站点。
3. 测试 Web 站点功能。

三、实验步骤

1. 安装 Windows Server 2003 和 IIS

本实验接着实验 6 来做，所以安装 Windows Server 2003 操作系统、设置 Windows Server 2003 网卡桥接属性、更改 Windows Server 2003 网卡 IP 地址、添加应用程序服务器角色等内容和实验 6 完全相同，这里不再赘述。如果采用 Windows 7 操作系统，可通过“开始”→“控制面板”→“程序和功能”，打开或关闭 Windows 功能，进入 Windows 功能对话框，选择 Internet 信息服务。

2. 在 Windows Server 2003 下新建 Web 站点

添加好应用程序服务器角色后，就可以在 Windows Server 2003 下安装 Web 服务角色了。具体过程如图 2-14～图 2-21 所示。

首先打开 IIS 管理器，在“本地计算机”→“网站”下新建一个 Web 站点，输入站点名，为站点分配 IP 地址和端口号。

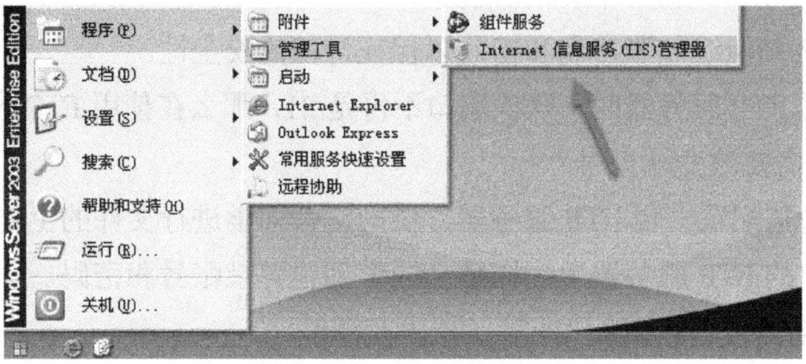

图 2-14　打开 IIS 管理器

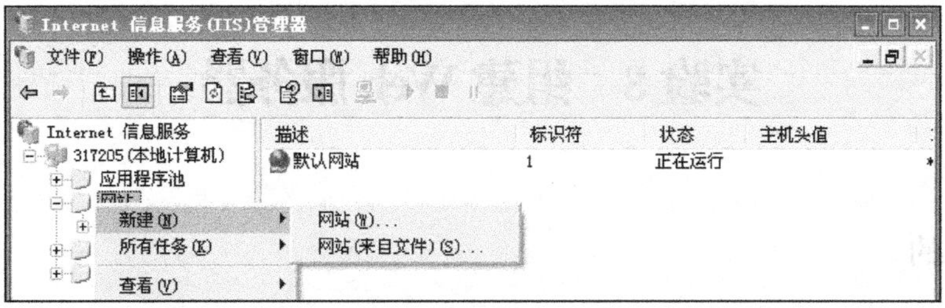

图 2-15　新建 Web 站点

图 2-16　设置 Web 站点名

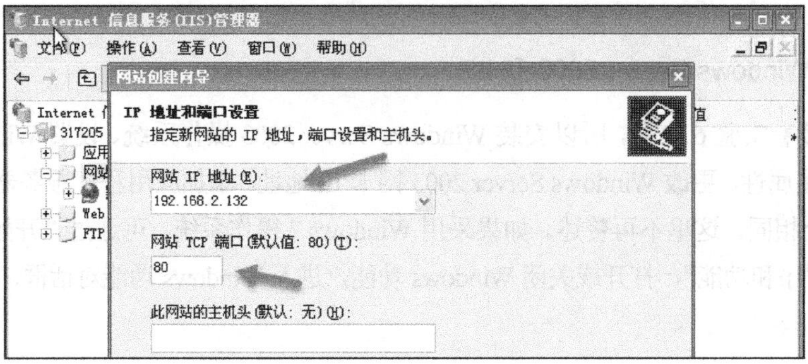

图 2-17　设置 Web 站点 IP 地址和端口号

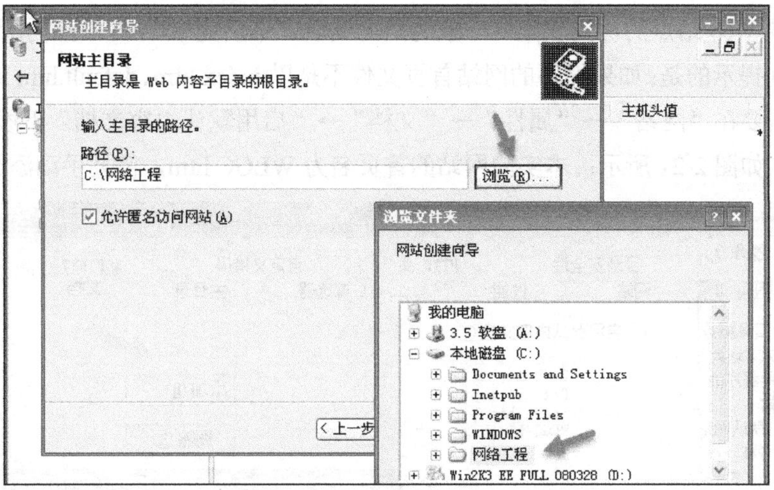

图 2-18　设置 Web 站点主目录

注意：Web 站点使用的 HTTP 协议是一个 TCP 协议，使用的端口号默认为 80 且保持不变。

设置好 IP 地址和端口号以后，为 Web 站点指定一个含有网站首页的主目录，这个主目录下应包含网站所有的网页、图片、视频、音频等文件。

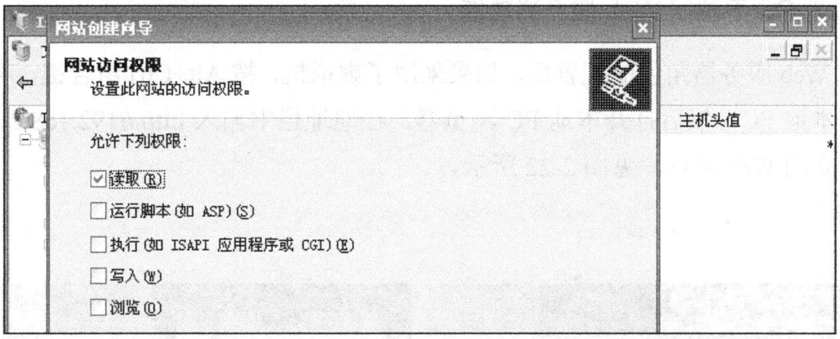

图 2-19　设置 Web 站点访问权限

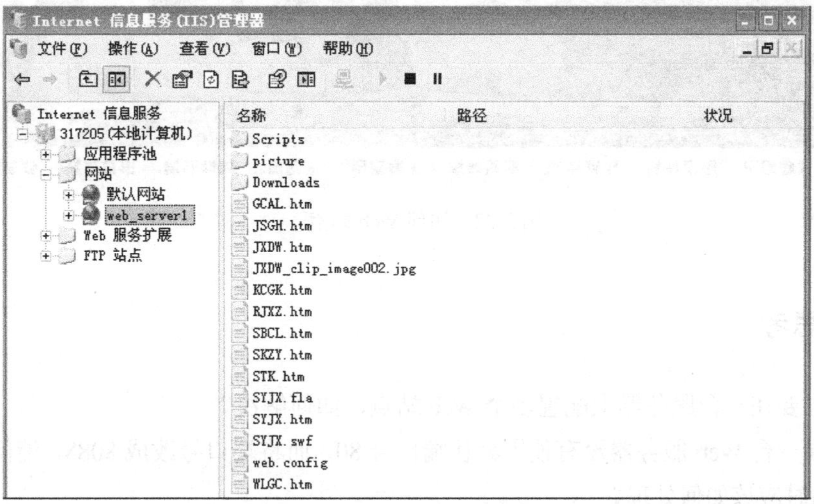

图 2-20　完成对 Web 站点的配置

然后设置 Web 站点的访问权限，一般为只可读取。最后完成 Web 站点的所有配置。

需要特别提示的是：如果编写的网站首页文件不是以 index.htm、default.htm 或 default.asp 命名的话，需要在“网站”→“属性”→“文档”→“启用默认内容文档”下添加你所写的网站首页名。如图 2-21 所示：本实验网站的首页名为 WLGC.htm，需要手动添加。

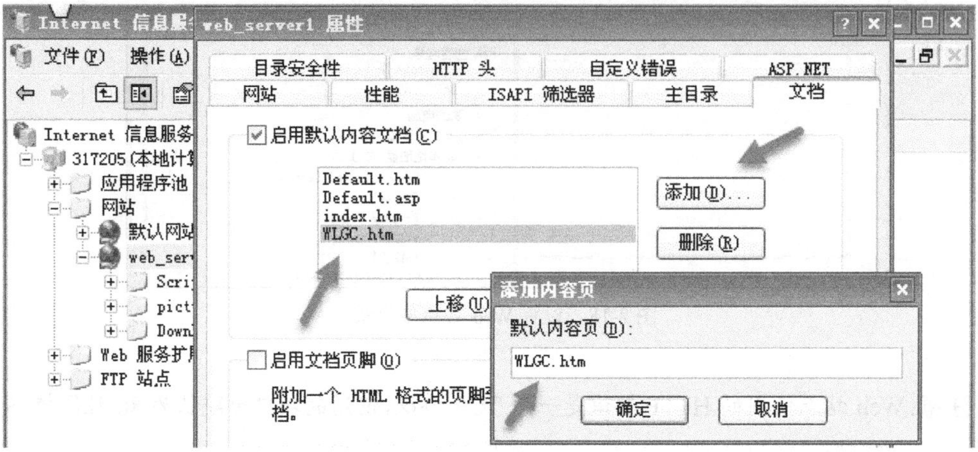

图 2-21　添加默认首页名

3. 在本地 PC 下访问 Web 服务器功能

完成对 Web 服务器角色的配置后，如果采用了虚拟机，按 Alt+Ctrl 组合键，从虚拟机内弹出鼠标到本地 PC，然后打开本地 PC 浏览器，在地址栏中输入 http://192.168.2.132，访问我们刚刚建立的 Web 站点，见图 2-22 所示。

图 2-22　访问 Web 站点

四、实验思考

1. 如果要在一台服务器上配置多个 Web 站点，如何解决？

2. 如果一台 Web 服务器没有使用默认端口号 80，而将端口号改成 8088，请问用浏览器访问该网站时应该如何处理？

3. 试着为班级创建一个网站，然后在宿舍里配置一台 Web 服务器，供同学们进行访问。
4. 什么叫网站首页？网站首页一般命名为什么？
5. 除了 IIS 服务器，还有哪些常见的 Web 服务器软件可以用来配置 Web 服务器？

实验 9 DHCP 服务器的配置

一、实验目的

1. 熟练掌握 Windows 服务器操作系统的安装。
2. 熟练掌握在服务器上安装 DHCP 角色并配置。
3. 熟练掌握访问 DHCP 的各项功能。

二、实验内容

1. 添加 DHCP 服务器角色。
2. 配置 DHCP 服务器。
3. 测试 DHCP 服务器功能。

三、实验步骤

在 Windows Server 2003 上架设 DHCP 服务器，添加一个作用域，然后观察 XP 主机能否自动获取 IP 地址、网关、DNS、WINS 等参数，这里 XP 主机为 PC1。实验拓扑图如图 2-23 所示。

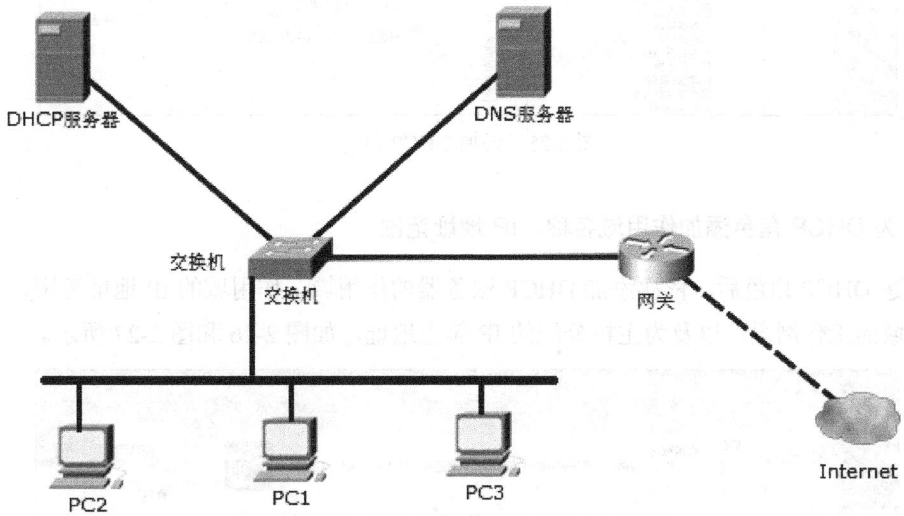

图 2-23 实验拓扑图

1. 设置 Windows Server 2003 主机 IP 地址

本实验将在 Windows Server 2003 上架设 DHCP 服务器，需要先固定 IP 地址，使得服务器稳定运行。

用鼠标右击“网上邻居”图标，在弹出菜单中选择“属性”，在打开窗口中用鼠标右击“本地连接”图标，在弹出菜单中选择“属性”，在打开的对话框中双击 TCP/IP 协议，将 IPv4 地址、子网掩码、默认网关改为如图 2-24 所示设置。

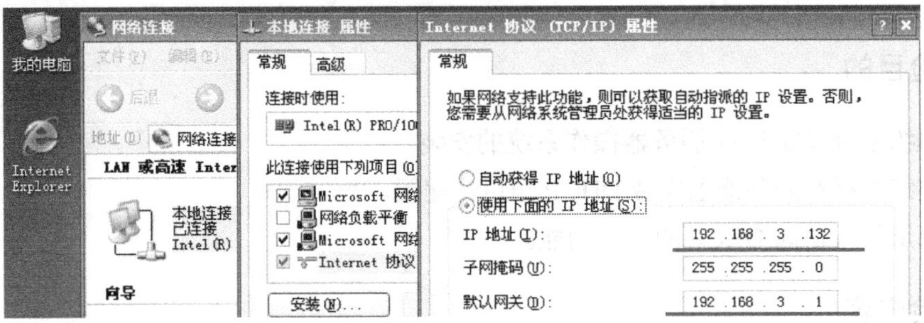

图 2-24　修改 IP 地址

2. 为 Windows Server 2003 添加 DHCP 角色

在图 2-25 中，选择“DHCP 服务器”，添加 DHCP 角色。

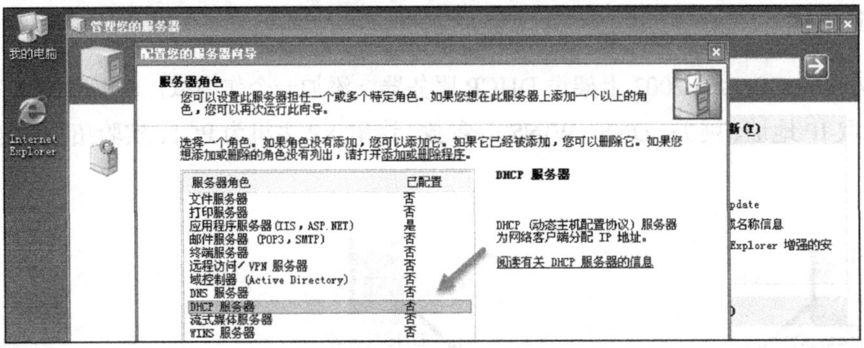

图 2-25　添加 DHCP 角色

3. 为 DHCP 角色添加作用域名称、IP 地址范围

新建 DHCP 角色后，依次添加 DHCP 服务器的作用域、作用域的 IP 地址范围，以确定此作用域的工作网段，以及为主机分配的 IP 起止地址，如图 2-26 和图 2-27 所示。

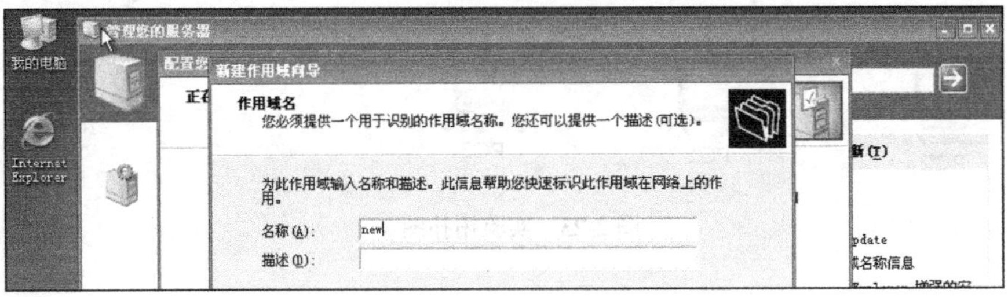

图 2-26　添加 DHCP 作用域

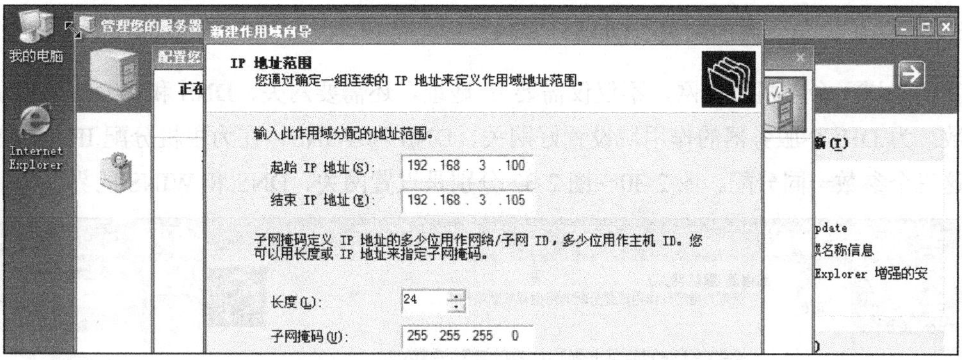

图 2-27　设置作用域的 IP 地址范围

4. 为 DHCP 角色添加排除地址

因为局域网内可能有其他服务器或网关需要占用静态的 IP 地址，所以需要从作用域的 IP 地址范围中去除用到的静态 IP 地址，以免将静态地址再次分配给其他设备，从而产生 IP 地址冲突。

假设在地址范围 192.168.3.100～192.168.3.105 内，192.168.3.102 被 DNS 服务器占用，那么在图 2-28 所示的“起始 IP 地址”下方填写 192.168.3.102 并单击“添加”按钮即可。

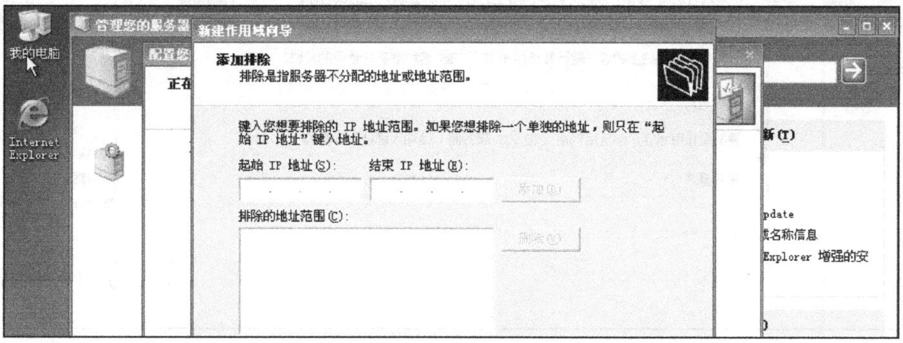

图 2-28　添加排除地址

5. 为 DHCP 角色添加租期

由 DHCP 分配的 IP 地址需要一个租期，以避免主机长期占用自动获取到的 IP 地址，合理设置租期可以有效提高 IP 地址利用率，租期设置界面如图 2-29 所示。

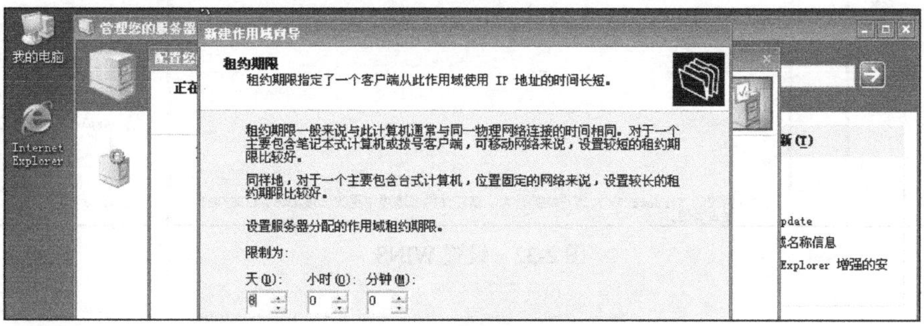

图 2-29　设置租期

6. 为 DHCP 角色添加网关、DNS、WINS

我们知道一台主机要上网，不仅仅需要 IP 地址，还需要网关、DNS 和 WINS 等其他网卡参数。为 DHCP 服务器的作用域设置好网关、DNS 和 WINS，在为主机分配 IP 地址的同时将这三个参数一同分配。图 2-30～图 2-32 分别是设置网关、DNS 和 WINS 的界面。

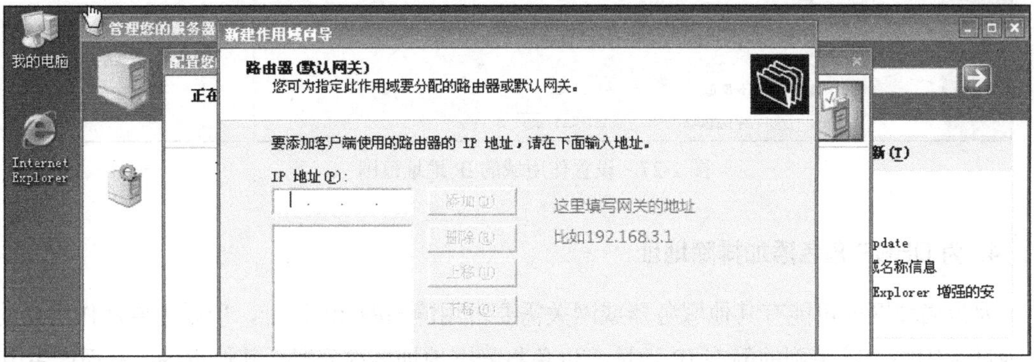

图 2-30　设置网关

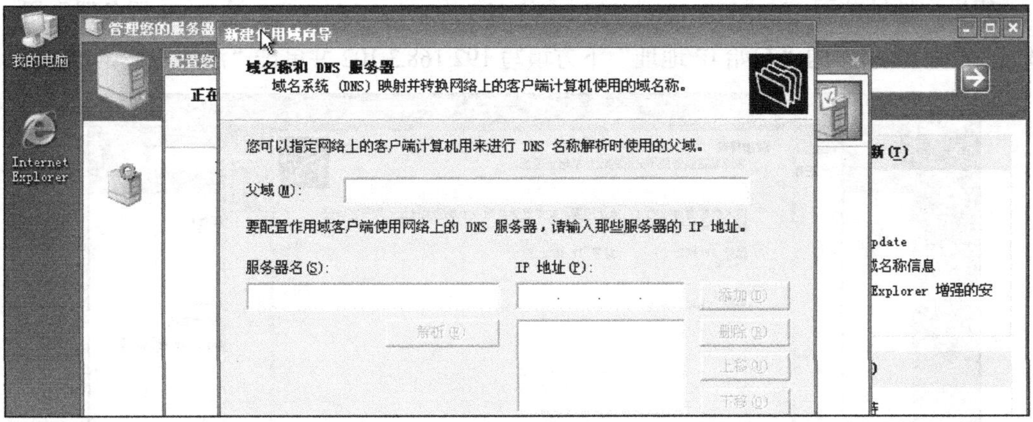

图 2-31　设置 DNS

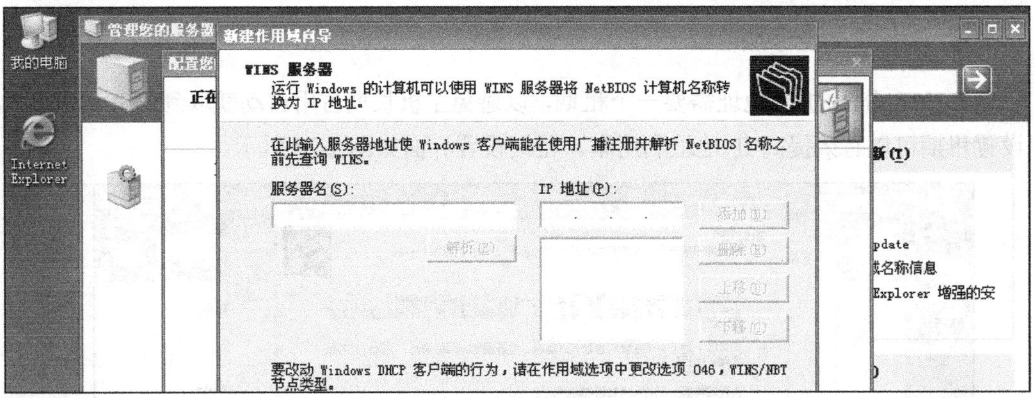

图 2-32　设置 WINS

7. 测试 DHCP 服务器功能

选择网络中某台 XP 主机作为 DHCP 客户端，将本地连接设置为自动获取后，可以看到已经从 DHCP 服务器成功获取到 IP 地址、网关、DHS 服务器地址、WINS 服务器地址以及获取到的这些参数的租期，如图 2-33 所示。

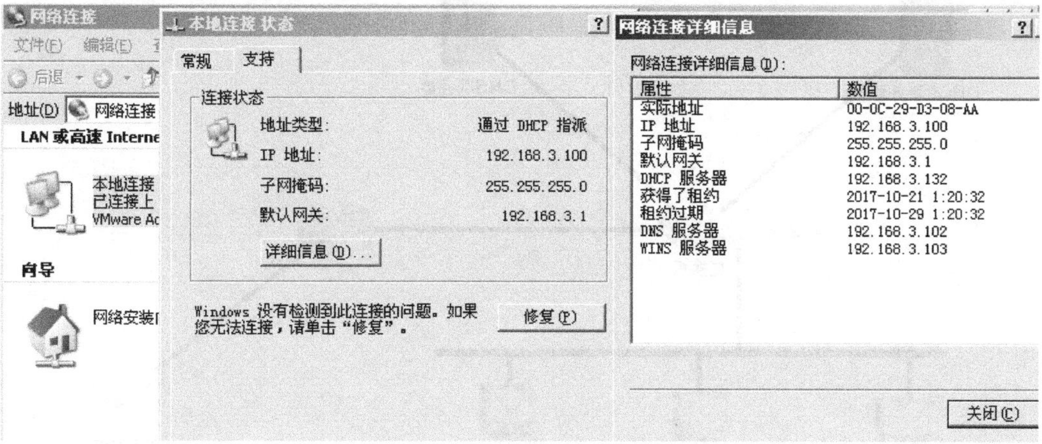

图 2-33　测试 DHCP 服务器功能

四、实验思考

1. 如果使用的不是本地 DNS 服务器，DHCP 应该如何设置？
2. DHCP 服务器有什么作用？
3. DHCP 租期的概念是什么？
4. 什么是地址池？
5. 说出采用 DHCP 服务器和静态 IP 地址分配的优缺点？

实验 10　DNS 服务器的配置

一、实验目的

1. 熟练掌握 Windows 服务器操作系统的安装。
2. 熟练掌握在服务器上安装 DNS 角色并配置。
3. 熟练掌握访问 DNS 的各项功能。

二、实验内容

1. 添加 DNS 服务器角色。
2. 配置 DNS 服务器。
3. 测试 DNS 服务器功能。

三、实验步骤

在 Windows Server 2003 上架设 DNS 服务器，添加一个作用域，然后观察 XP 主机能否自动获取 IP 地址、网关、DNS、WINS 等参数，这里 XP 主机为 PC1，图 2-34 是实验拓扑图。

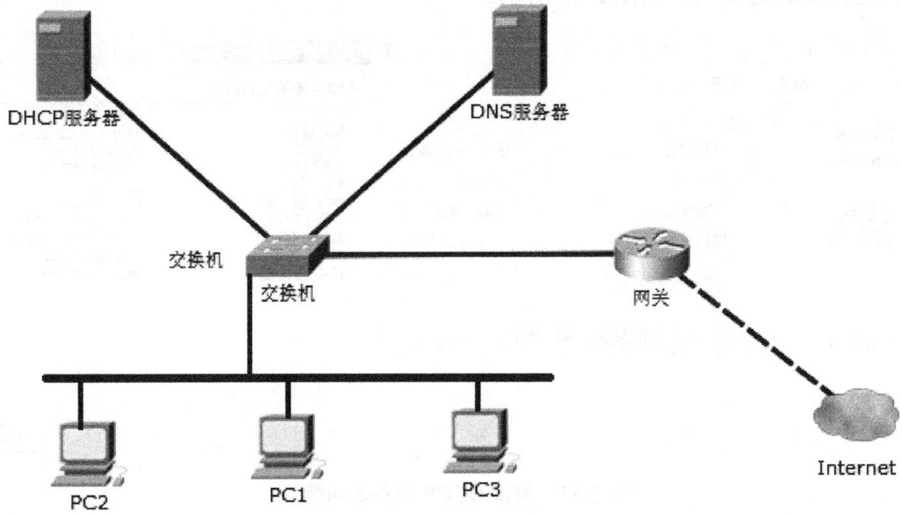

图 2-34　实验拓扑图

1. 设置 Windows Server 2003 主机 IP 地址

本实验将在 Windows Server 2003 上架设 DNS 服务器，需要先固定 IP 地址，使得服务器稳定运行。

用鼠标右击“网上邻居”图标，在弹出菜单中选择“属性”，在打开窗口中用鼠标右击“本地连接”图标，在弹出菜单中选择“属性”，在打开的对话框中双击 TCP/IP 协议，将 IPv4 地址、子网掩码、默认网关改为如图 2-35 所示设置。

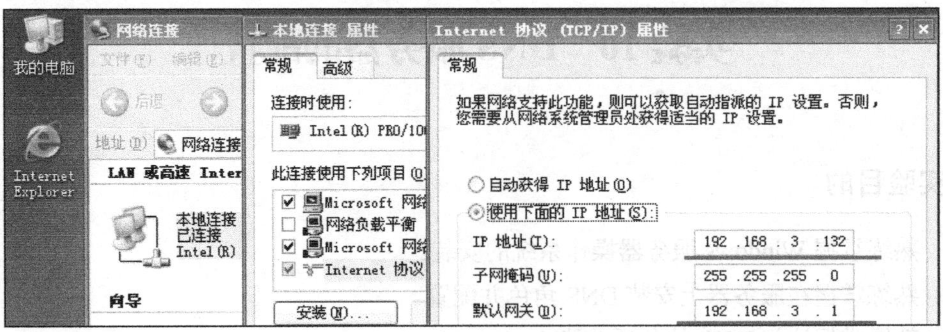

图 2-35　设置 IP 地址

2. 添加 DNS 角色

和所有服务器配置实验一样，添加服务器角色后才能使用服务器功能，如图 2-36 所示。

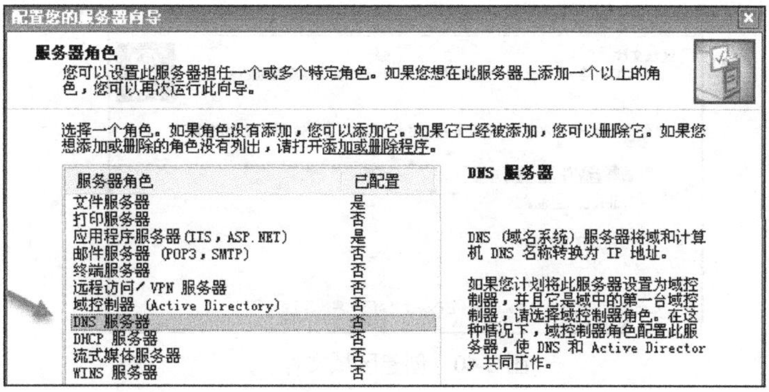

图 2-36　添加 DNS 角色

3. 创建 DNS 查找区域

由于本实验使用的是本地小型网络，因此创建 DNS 的一个正向查找区域。同时设置为本地维护该区域，设置该区域的名称为 cdutetc.cn，使用的区域文件名为 cdutetc.cn.dns。

注意，为了简化实验的过程，突出实验目标，使学生更容易掌握 DNS 的主要功能，设置区域时不允许动态更新、不向前转发查询，配置过程如图 2-37～图 2-43 所示。

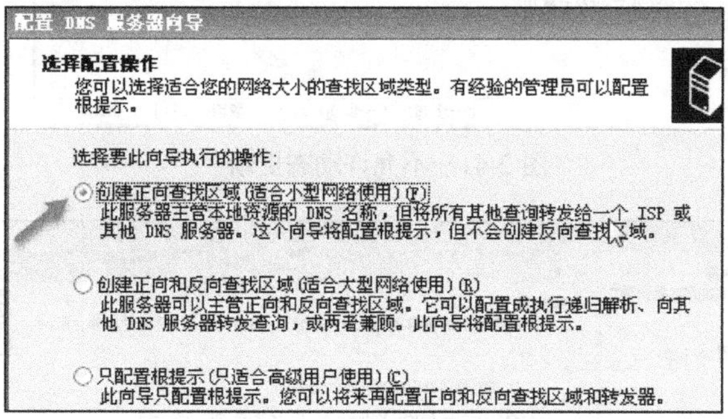

图 2-37　使用正向查找

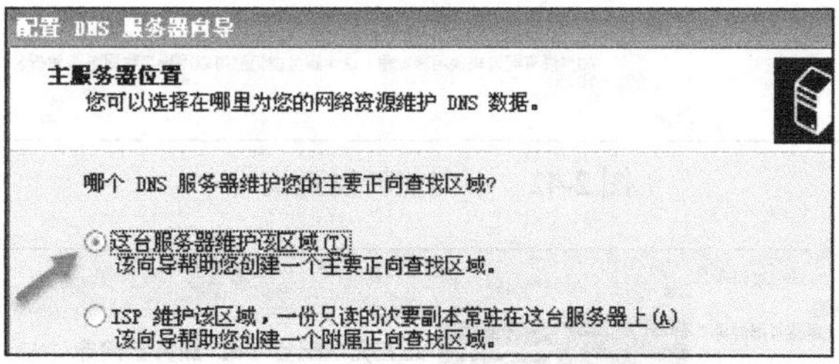

图 2-38　本地维护

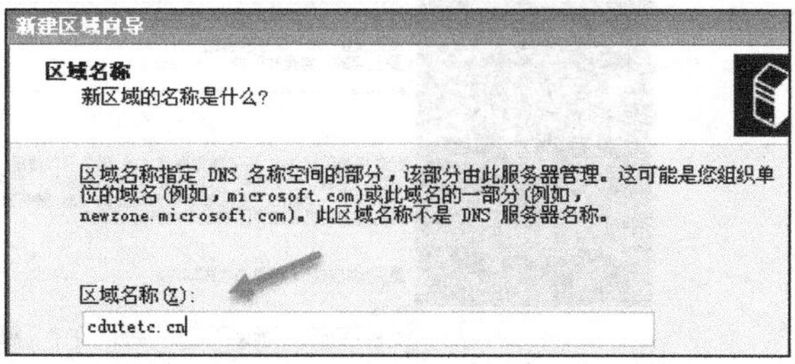

图 2-39　设置区域名

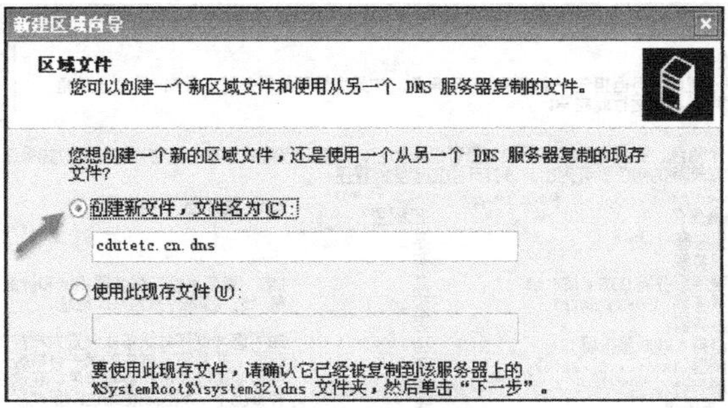

图 2-40　创建区域文件

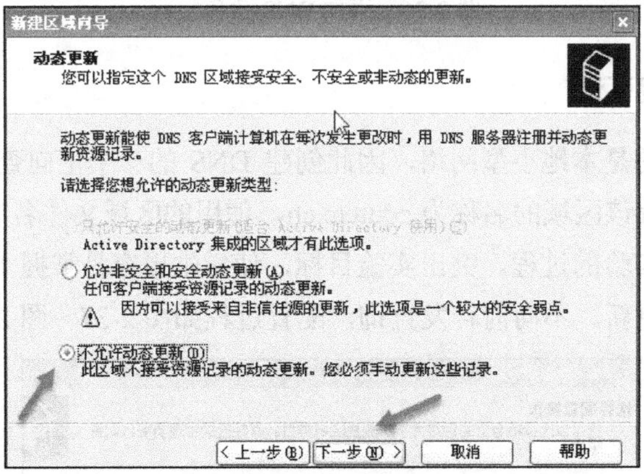

图 2-41　不允许动态更新

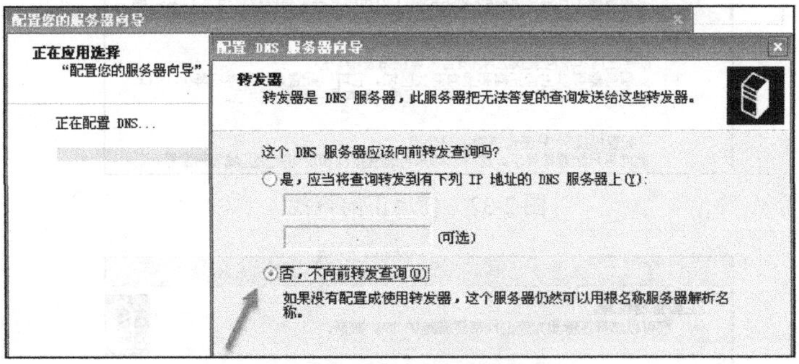

图 2-42　不向前转发查询

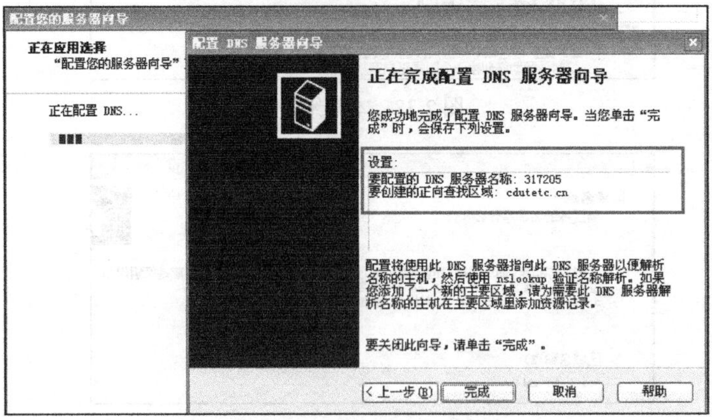

图 2-43　完成 DNS 配置

4. 创建 DNS 主机映射

管理 DNS 服务器，主要是维护一些主机、e-mail、FTP、BBS 等记录，这里我们以维护主机记录为例，见图 2-44。

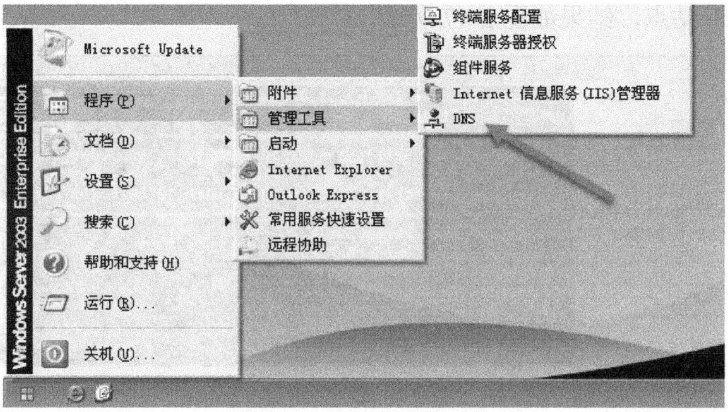

图 2-44　管理 DNS

这里我们以主机记录为例，新建域名 www.cdutetc.cn 和 IP 地址 172.16.10.3 的映射关系记录，当发起对 172.16.10.3 的访问，需要进行 DNS 解析时，DNS 服务器会自动解析为域名 www.cdutetc.cn，如图 2-45 和图 2-46 所示。

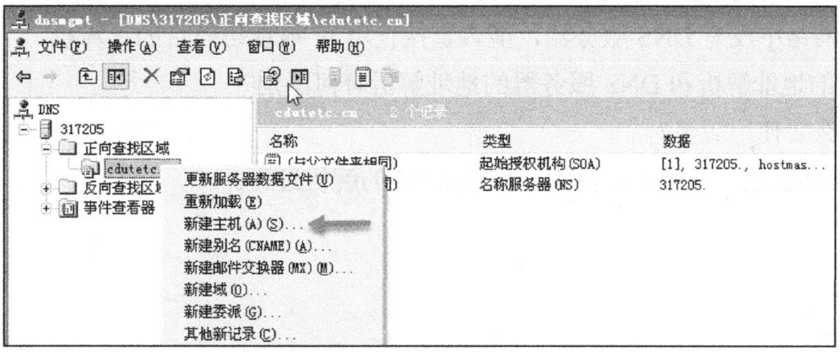

图 2-45　新建主机记录

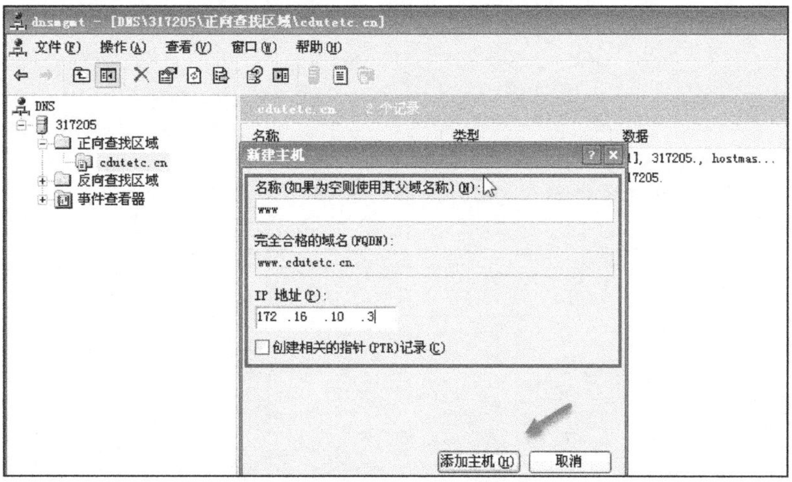

图 2-46　添加域名映射

5. 测试 DNS 服务器功能

在命令行中利用 ping 命令探测 IP 地址 172.16.10.3，此时 DNS 服务器会自动翻译该 IP 地址为对应域名 www.cdutetc.cn，并且在浏览器里访问该域名也会直接指向 IP 地址为 172.16.10.3 的 Web 站点，结果如图 2-47 所示。

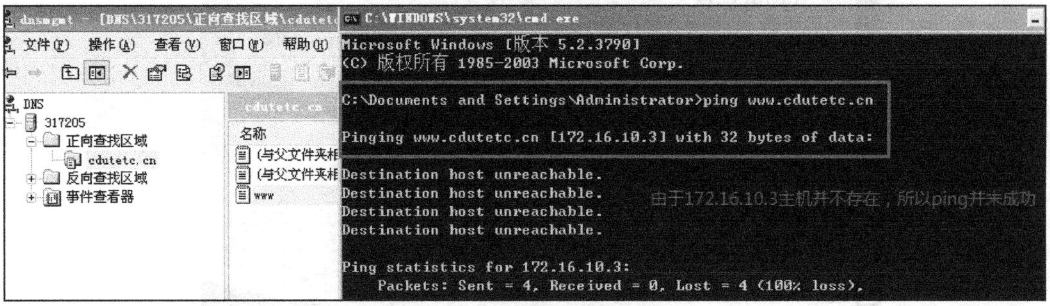

图 2-47　测试域名映射

四、实验思考

1. 继续添加 e-mail 和 FTP 映射并测试是否成功。
2. 如果需要利用 Internet 的 DNS 服务器，应该在哪一步添加什么配置？
3. 如果网络中没有 DNS 服务器，能否直接使用 IP 地址访问目的计算机。
4. ARP 的地址解析和 DNS 服务器的地址解析有何区别？
5. 为什么要使用域名？
6. 结合 DNS 服务器的工作流程，叙述 DNS 的解析过程。

第3章　网络协议分析实验

实验 11　协议分析软件的使用

一、实验目的

1. 了解协议分析软件的工作原理。
2. 掌握常用网络协议分析工具的作用和使用方法。
3. 掌握 Wireshark 的基本操作。
4. 熟练使用协议分析软件抓取网络数据。
5. 利用 Wireshark 捕获以太网帧。
6. 分析使用 Wireshark 捕获的分组的特点。

二、实验内容

1. 熟悉常见网络协议分析软件的工作原理。
2. 熟悉 Wireshark 操作界面。
3. 学习使用 Wireshark 抓取网络数据。
4. 掌握如何设置过滤器。

三、实验步骤

1. 安装 Wireshark

常见的网络协议分析工具包括 Wireshark、Sniffer 和 TcpDump(Linux 系统自带)。Wireshark 是一款用来捕获网络上的数据包并把这些信息通过图形用户界面显示的网络分析工具，是开源的网络协议分析软件。可以从https://www.wireshark.org/#download页面下载 Wireshark，并在实验的计算机上进行安装。

在软件安装过程中，注意需要选中安装 WinPcap 的复选框，默认情况下处于选中状态，如图 3-1 所示。接下来按照提示默认安装，软件安装完成后会提示是否重启系统。

2. 熟悉软件界面

启动 Wireshark。在桌面上双击 Wireshark 图标启动 Wireshark，进入软件主界面，如图 3-2 所示。试着查看该软件有哪些菜单，每个菜单下有哪些命令，特别留意“捕获”菜单下包括“选项”、“开始”以及“捕获过滤器”等命令。选择“选项”命令，将出现图 3-3 所示的“Wireshark • 捕获接口”对话框。

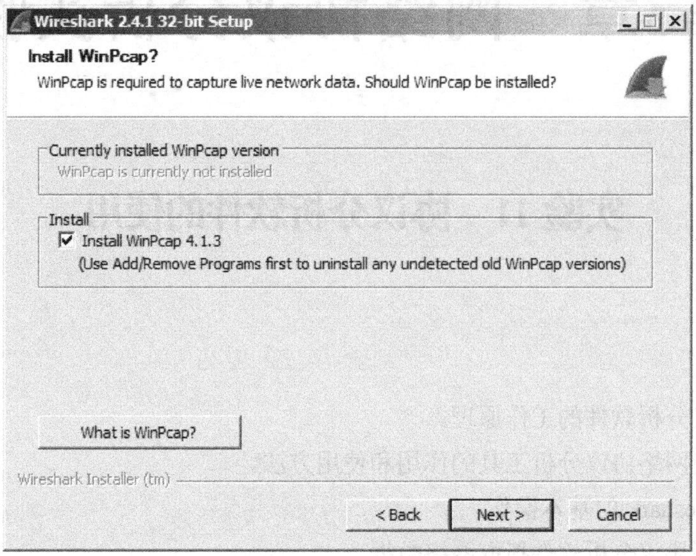

图 3-1　安装时选中安装 WinPcap 的复选框

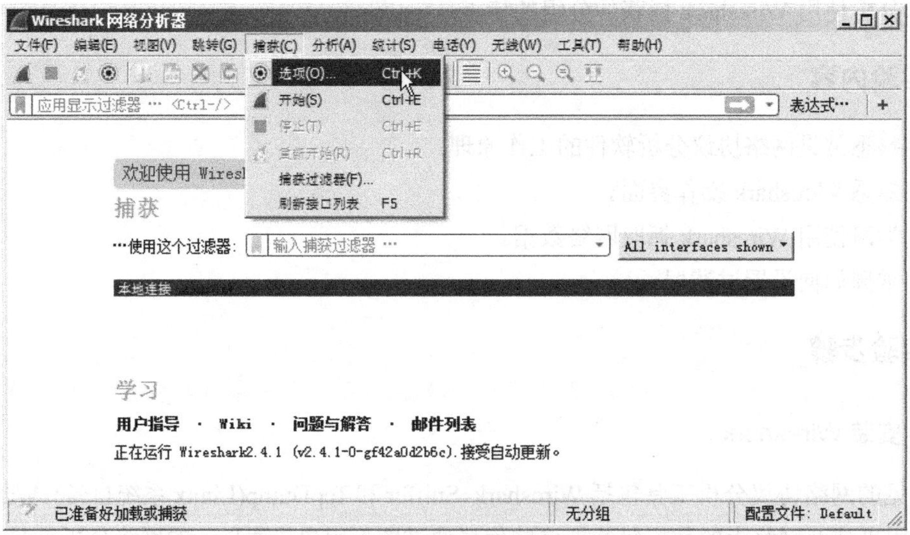

图 3-2　“捕获”菜单

在图 3-3 所示的“Wireshark • 捕获接口”对话框中，列出了计算机中安装的网卡。如果系统中安装了多个网卡，那么在列表中会显示多个接口，可以从中选择需要抓取数据的网卡。复选框“在所有接口上使用混杂模式”默认处于选中状态，表示网络分析软件将抓取所有经过该接口的数据。混杂模式就是将网卡设置成接收所有经过网卡的数据包，包括那些不是发给本机的数据包。默认情况下，网卡只把发给本机的数据帧(包括广播帧)传递给上层模块，其他数据帧一律丢弃。在图 3-3 中单击“管理接口”按钮，将出现图 3-4 所示的“管理接口”对话框，在此对话框中可以选择对哪个网络接口进行数据捕获。

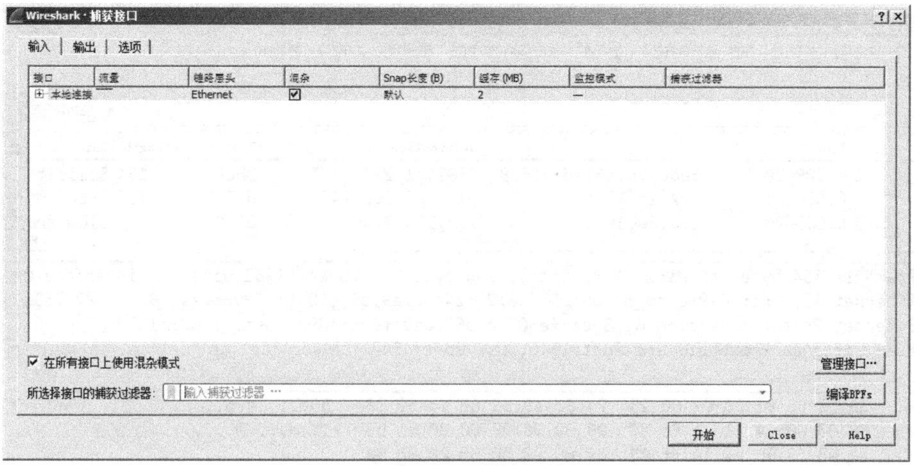

图 3-3　“Wireshark • 捕获接口”对话框

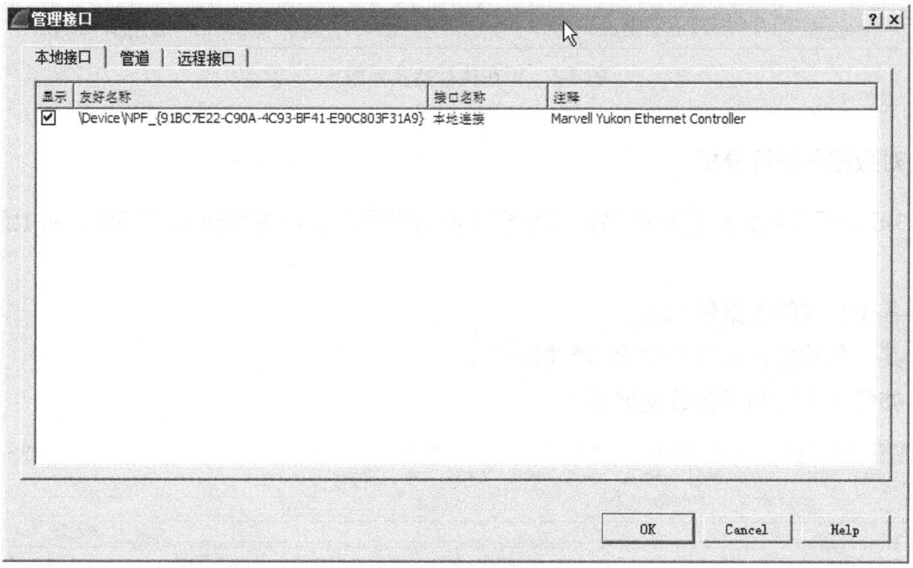

图 3-4　“管理接口”对话框

注意：一般 PC 都带有 NPF 拨号适配器(很少使用)和某种有线网卡接口(网卡型号可能有所不同)。如果在 PC 中安装有虚拟机 VMware，VMware 会显示出两个虚拟机网卡接口选项，如果没有虚拟机，就无此接口选项。如果某 PC(主要是笔记本电脑)装有无线网卡，就会有无线网卡接口选项。读者选择哪个网卡接口进行抓包，是选择无线网卡还是有线网卡，可以根据自己 PC 的具体情况来定。

3. 捕获数据包

在图 3-3 中单击“开始”按钮，将开始进行数据捕获，也可以选择“捕获”菜单下的“开始”命令执行捕获操作。

捕获数据时的运行界面见图 3-5 所示，图中包括捕获了多少帧数据等信息。该界面会以协议的不同统计捕获到报文的百分比。单击工具栏中的“停止”按钮即可停止数据捕获，也可以执行“捕获”菜单下的“停止”命令来结束捕获。

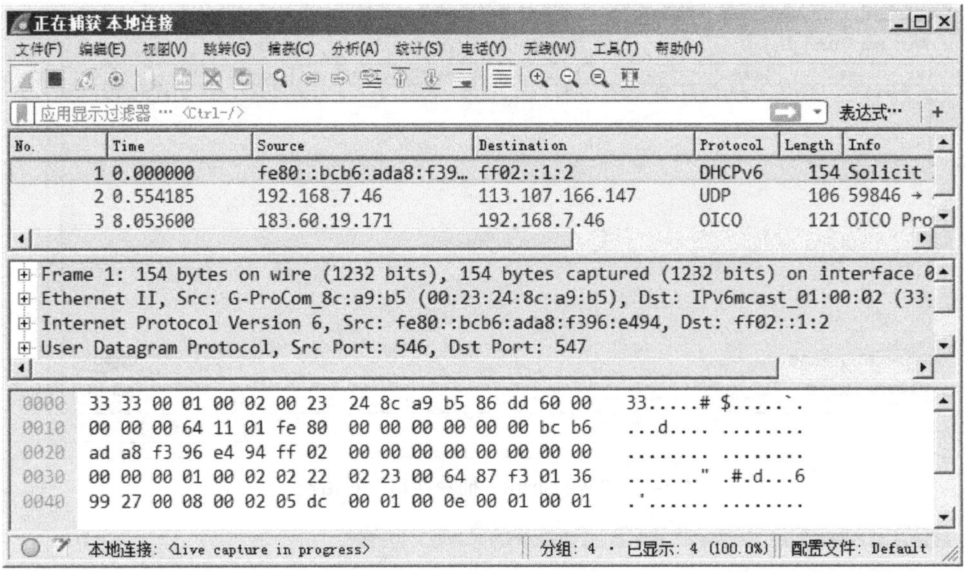

图 3-5　正在执行捕获界面

4. 对数据包进行分析

图 3-6 显示了结束捕获后网络协议分析软件的界面，窗口主要包括三部分，从上到下分别是：

- 各个协议的数据包列表。
- 某一具体协议的各个层次的数据分析。
- 帧的十六进制具体数据展示。

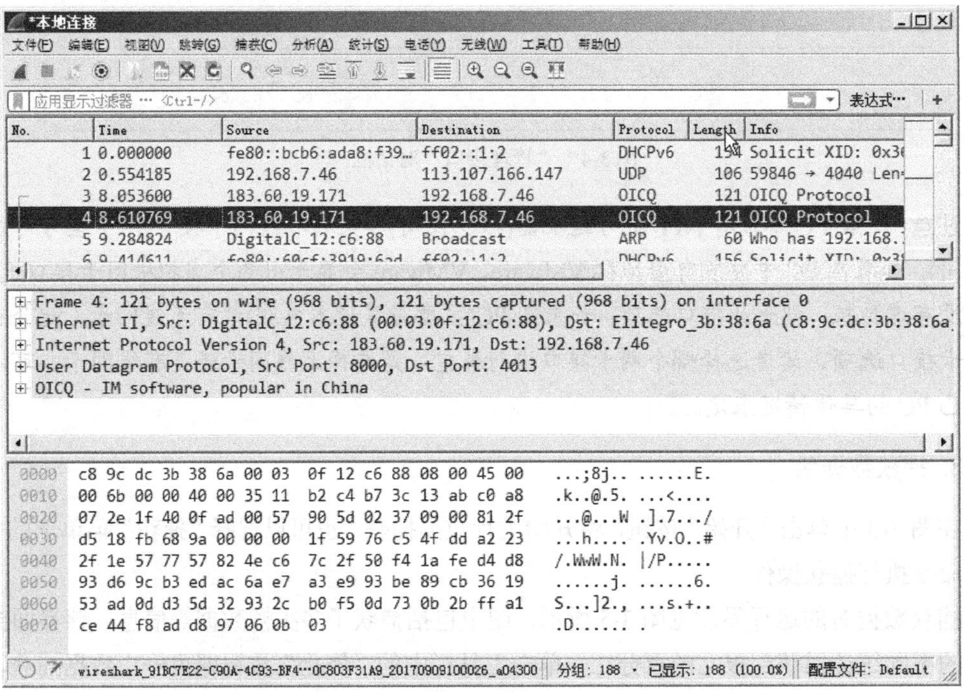

图 3-6　分析数据包

从图 3-6 可以看到，最上面的窗口为捕获的数据包的列表，显示了捕获到的每个数据包的大概信息，包括时刻(Time)、源(Source)、目的(Destination)以及协议(Protocol)等信息；中间的窗口是选定的某个数据包的层次结构和协议分析，显示了不同协议数据单元之间的封装关系；最下面的窗口是数据包的十六进制数据，也就是数据包在物理层传递的数据。

5. 设置捕获过滤器

在抓取数据时，如果只想捕获特定的报文，可以在抓取分组前就设置捕获过滤器，从而决定要捕获的数据包的类型。在图 3-6 所示的界面中，可以直接在“应用显示过滤器”提示处输入过滤规则，就会显示符合规则的数据包。例如，在图 3-6 中，我们输入 HTTP，将只显示 HTTP 协议的数据包，如图 3-7 所示。

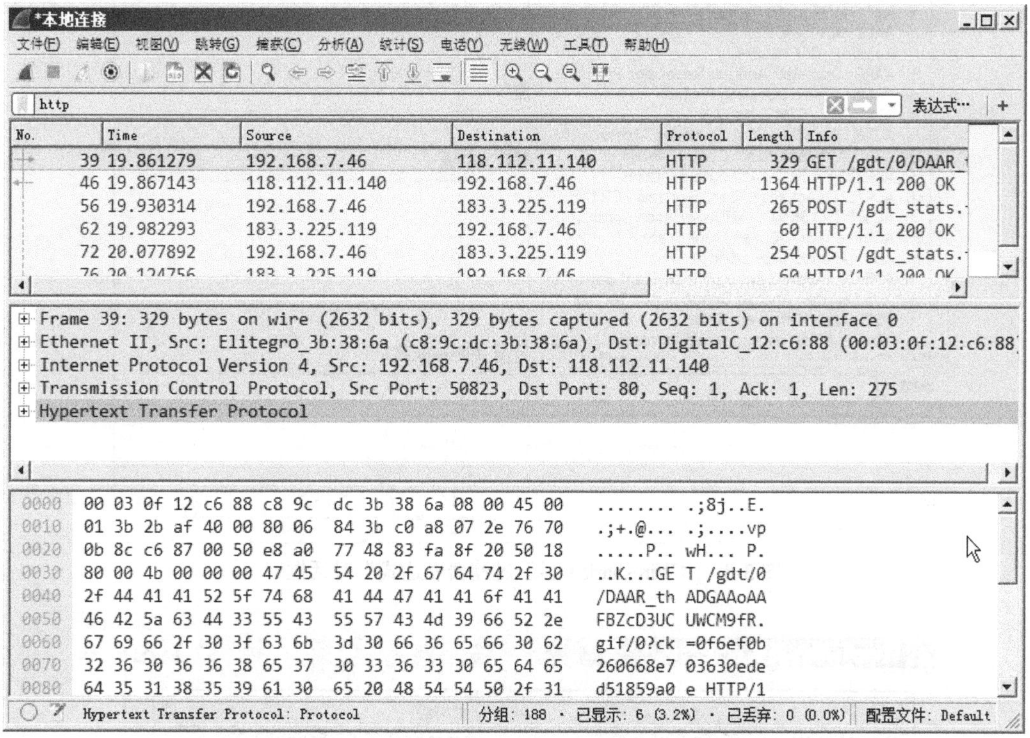

图 3-7　设置显示过滤规则

从图 3-7 中可以看出，窗口的最上层只显示了协议为 HTTP 的数据包，从而将不需要分析的数据包隐藏。如果需要应用更加复杂的过滤规则，可以在图 3-7 中单击“表达式”按钮，将出现图 3-8 所示的“Wireshark • 显示过滤器表达式”对话框，可以从中选择需要显示的过滤表达式。

如果需要在捕获时就有选择地对抓取的数据包进行过滤，可以选择“捕获”菜单下的“捕获过滤器”命令，出现图 3-9 所示的对话框。

在图 3-9 中可以对过滤器进行管理，包括新建、移除以及复制等操作。如果需要新建过滤器，可以在图 3-9 中单击“+”按钮，新建捕获过滤器，如图 3-10 所示。在图 3-10 中可以双击名称下的新建捕获过滤器重新命名过滤规则名称，双击过滤器表达式，可以对过滤规则进行修改。

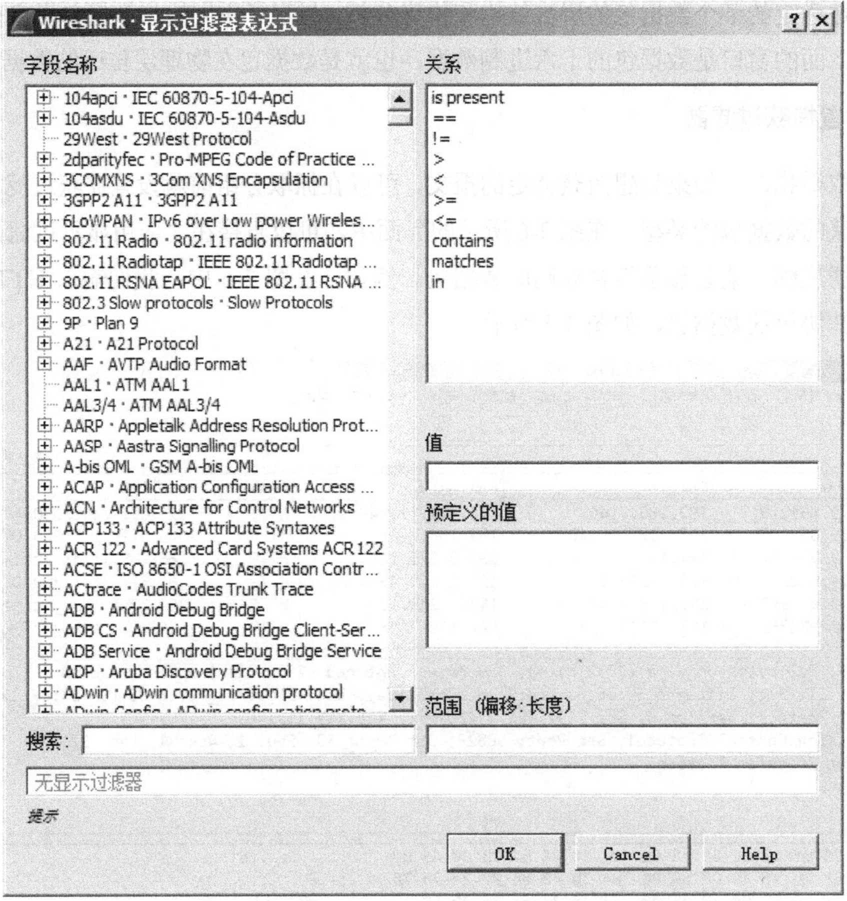

图 3-8　“Wireshark · 显示过滤器表达式”对话框

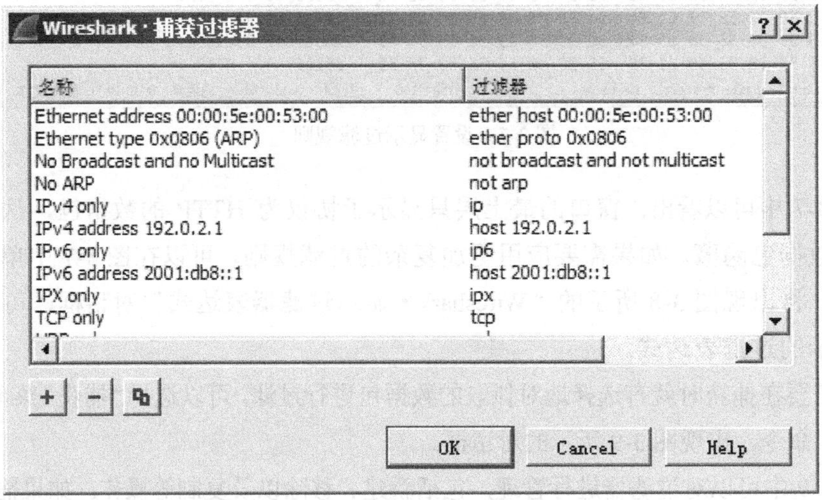

图 3-9　新建捕获过滤器

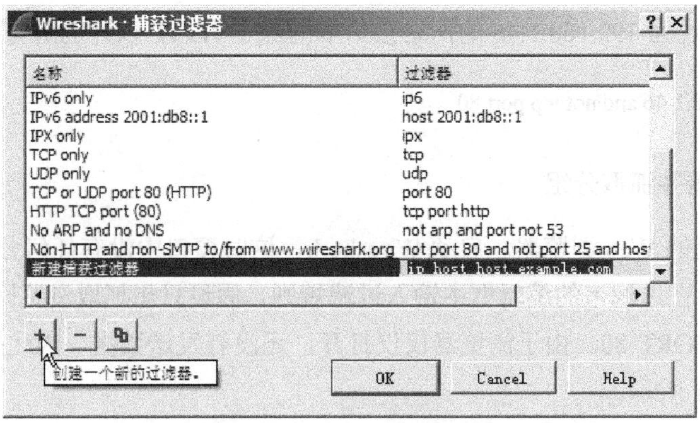

图 3-10　新建过滤规则

在图 3-10 所示对话框中新建过滤规则时，过滤名称可以任意命名，过滤器下过滤串的语法格式如下：

```
[src|dst] host <host>
ether [src|dst] host <ehost>
gateway host <host>
[src|dst] net <net> [{mask <mask>}|{len <len>}
[tcp|udp] [src|dst] port <port>
less|greater <length>
ip|ether proto <protocol>
ether|ip broadcast|multicast
<expr> relop <expr>
```

符号在过滤串语法中的定义为：

```
Equal: eq, == (等于)
Not equal: ne, != (不等于)
Greater than: gt, > (大于)
Less Than: lt, <    (小于)
Greater than or Equal to: ge, >= (大等于)
Less than or Equal to: le, <=    (小等于)
```

下面通过举例加以说明，例如：

a. 捕获 MAC 地址为 00:d0:f8:00:00:04 的网络接口卡的所有数据报文：

```
ether host 00:d0:f8:00:00:04
```

b. 捕获 IP 地址为 192.168.1.46 的网络接口卡的所有数据报文：

```
host 192.168.1.46
```

c. 捕获默认端口号为 80 的浏览网页的所有数据报文：

```
tcp port 80
```

d. 捕获 IP 地址为 192.168.1.46 的网络接口卡的除了 HTTP 以外的所有数据报文：

```
host 192.168.1.46 and not tcp port 80
```

6. 设置过滤器并抓取分组

启动计算机上的 Web 浏览器。启动 Wireshark，这时窗口中没有任何分组列表。

设置过滤器，在过滤串的编辑框中输入过滤规则，假设只想抓取浏览网页的数据包，可输入过滤串 TCP PORT 80。由于浏览器仅仅打开，还没有发送数据，因此捕获不到 80 端口的数据，如图 3-11 所示。

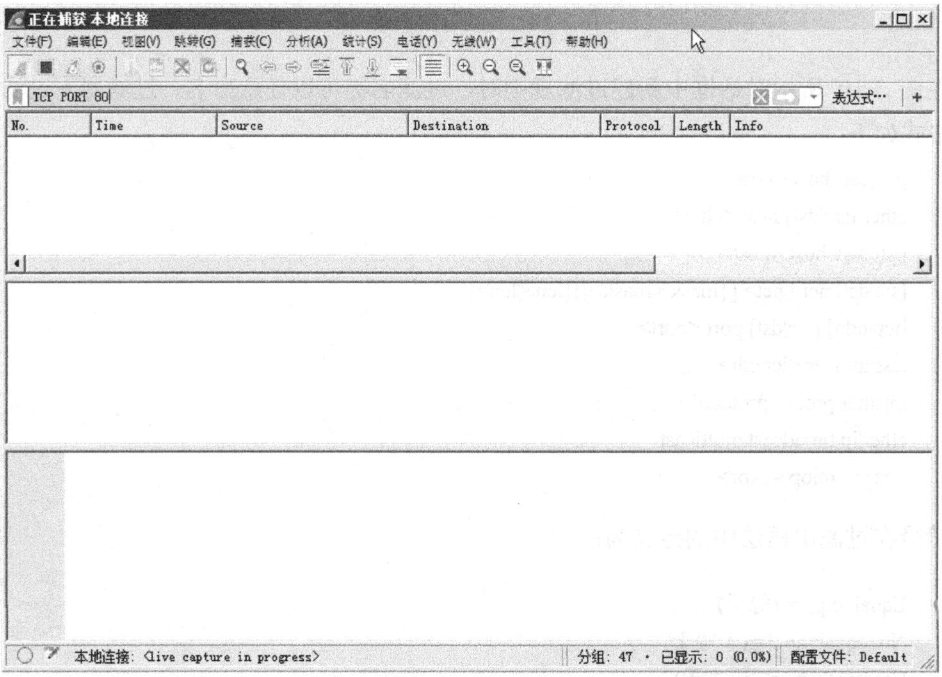

图 3-11　设置过滤串

开始分组捕获后，会出现分组捕获统计窗口。该窗口统计显示各类已捕获分组的数量。在该窗口的工具栏中有一个“停止”按钮，可以停止对分组的捕获。在运行分组捕获的同时，在浏览器的地址栏中输入某个网页的 URL，如 http://www.cdutetc.cn。为显示该网页，浏览器需要连接 www.cdutetc.cn 服务器，并与之交换 HTTP 消息，以下载该网页。包含这些 HTTP 消息的以太网帧将被 Wireshark 捕获。

当完整的 Web 页面下载完毕后，单击 Wireshark 捕获窗口的工具栏中的“停止”按钮，停止分组捕获。此时，分组捕获窗口关闭。Wireshark 主窗口显示已捕获的计算机与其他网络实体交换的所有协议报文，其中一部分就是与 www.cdutetc.cn 服务器交换的 HTTP 消息，如图 3-12 所示。

选择最上面分组列表窗口中的第一条 HTTP 消息。它应该是你的计算机发向 www.cdutetc.cn 服务器的 HTTP GET 消息。选择该消息后，以太网帧、IP 数据包、TCP 报文段以及 HTTP 消息首部信息都将显示在分组首部详细信息子窗口中。单击分组首部详细信息子窗口中的向右和向下箭头，可以最小化帧、以太网、IP、TCP 信息显示量，也可以最大化 HTTP 协议相关信息的显示量。

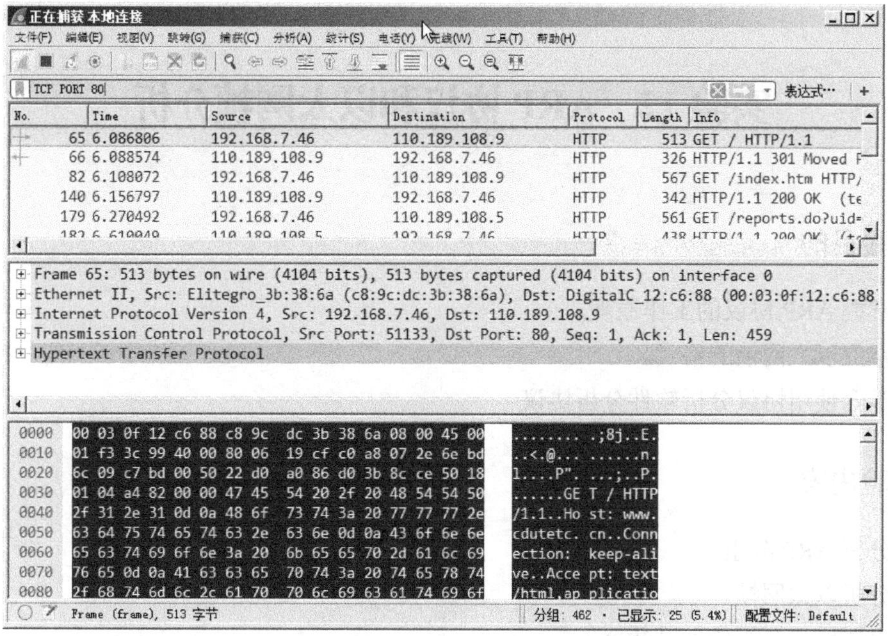

图 3-12　抓取的数据包

如果要退出网络协议分析器或者重新抓取数据，系统会提示是否保存，可以根据需要进行相应的选择，保存的数据文件可以利用协议分析软件打开并继续进行分析。

四、实验思考

1. 熟悉协议分析集成环境：仔细看一遍所有的菜单名称，重点熟悉“捕获”菜单、“分析”菜单的功能和使用方法，练习使用这些菜单。选择 5 个以上你认为重要的菜单，将名称及作用记录到实验报告中。

2. 观察并分析轻流量网络的分组：关闭所有的网络应用程序。单击“捕获”菜单，单击“开始”按钮，开始捕获分组并显示捕获统计信息，开始计时。在命令提示符中执行 arp –d，删除 ARP 缓存表内容。然后立即执行 ping 命令，向网关发送 10 个分组，如 ping –n 10 192.168.7.254。30 秒钟过后，单击“停止”按钮结束分组捕获。仔细分析跟踪结果。选择“文件”→“保存”，保存跟踪结果。记录跟踪结果的信息到实验报告里，并简单分析原因。思考并回答如下问题：

(1) 这次分组捕获总共用时多少？总共捕获了多少分组？

(2) 每个分组是在什么时候被发送的？

(3) 发送分组的机器地址和接收分组的机器地址是多少？

(4) 每个分组使用的协议是什么？

3. 改变“捕获”→“选项”中的各个选项设置，进行各种情况下的分组捕获实验；并将选项配置情况和捕获到的分组发生的变化情况记录到实验报告里。

4. 选定某组捕获记录，设置应用过滤串中的各个过滤器，观察得到的结果，并通过对结果进行分析，将设置的过滤关键字的意义写入实验报告。

实验 12　ARP 协议和以太网帧分析

一、实验目的

1. 掌握 ARP 协议的工作原理。
2. 掌握以太网帧的格式。
3. 学会使用协议分析软件分析协议

二、实验内容

1. 分析 ARP 分组。
2. 分析以太网帧。
3. 设置协议分析软件过滤器。

三、实验步骤

1. 以太网和地址解析协议

局域网是日常生活中最常见的网络，通常局域网覆盖的地理范围和站点数目都有限，而且局域网的明显特点是：网络属于某个单位，单位对网络具有管理权限。与广域网相比，局域网具有以下几个优点：首先，通过广播实现局域网内各个站点之间的通信功能，从一个站点可以很方便地访问网络中的其他站点。局域网中的计算机可以方便地共享网络中的各种资源，包括硬件、软件和数据资源。 其次，局域网具有很好的扩充性，便于网络系统的扩展和对网络逐渐地进行升级演变，局域网中各个设备的地理位置可以灵活调整。最后，局域网具有较好的可靠性、可用性和残存性。

以太网是最普遍的局域网，我们常见的网卡基本上都是以太网网卡，所以在组建局域网时，基本使用的是以太网。甚至有时用以太网术语替代局域网术语。以太网具有两个标准，分别是DIX Ethernet V2 和IEEE 802.3，前者是世界上第一个局域网产品(以太网)的规约，而后者是IEEE制定的第一个以太网标准。由于DIX Ethernet V2 标准与IEEE 802.3 标准的差别很小，因此可以将 802.3 局域网简称为“以太网”。严格说来，“以太网”是指符合 DIX Ethernet V2 标准的局域网。

以太网采用广播方式进行数据通信。一台计算机向网络中的另外一台计算机发送数据帧，数据帧的首部包含发送方和接收方网卡的地址，虽然网络中的每一台计算机都能检测到该计算机发送的数据帧。但是由于只有接收计算机的地址与向数据帧首部写入的目的地址一致，因此正常情况下，只有该计算机才会接收数据帧，网络中其他所有的计算机都检测到数据帧不是发送给它们的，因此会丢弃数据帧而不是接收下来。实际上，以太网在具有广播特性的传输介质上实现了一对一通信。

以太网包括传统的共享介质以太网和交换以太网。以太网采用CSMA/CD协议，含义是带冲突检测的载波监听多点接入(Carrier Sense Multiple Access with Collision Detection)。"载波监听"是指网络中的每一个站点在发送数据前，首先要检测一下总线上是否有其他计算机在发送数据，如果有，则暂时不要发送数据，以免发生碰撞。"多点接入"表示许多计算机以多点接入的方式连接在一根总线上。总线上并没有什么"载波"。因此，"载波监听"就是用电子技术检测总线上有没有其他计算机发送的数据信号。

"冲突检测"是指计算机一边发送数据，一边检测信道上的信号电压大小是否有变化。当一个站检测到的信号电压摆动值超过一定的门限值时，就认为总线上至少有两个站同时在发送数据，表明产生了碰撞。因为当几个站同时在总线上发送数据时，总线上的信号电压摆动值将会增大(互相叠加)。所谓"冲突"，就是指网络中的站点发生了冲突。在发生碰撞时，在总线上传输的信号产生了严重的失真，无法从中恢复出有用的信息来。每一个正在发送数据的站，一旦发现总线上出现了碰撞，就要立即停止发送，以免继续浪费网络资源，然后等待一段随机时间，之后再次发送。

在以太网中，每个网卡都有一个地址，叫作硬件地址。硬件地址又称为物理地址或MAC地址。IEEE 802 标准所说的"地址"，严格地讲应当是每一个站的标识符。IEEE 802 标准规定：MAC地址字段可采用 6 字节(48 位)或 2 字节(16 位)中的一种。IEEE的注册管理机构RA负责向厂家分配地址字段 6 个字节中的前三个字节(即高位 24 位)，称为组织唯一标识符。地址字段 6 个字节中的后三个字节(即低位 24 位)由厂家自行指派，称为扩展唯一标识符，必须保证生产出的适配器没有重复地址。一个地址块可以包含 224 个不同的地址。网卡生产厂商在生产网络适配器时，6 个字节的MAC地址已被固化在适配器的ROM中，因此，MAC地址也叫作硬件地址或物理地址。

网络适配器从网络上每收到一个帧，就首先用硬件检查帧中的目的MAC地址。如果是发往本站的帧，则收下，然后进行其他的处理。否则就将此帧丢弃，不再进行其他的处理。以混杂方式工作的以太网适配器将所有经过该适配器的帧接收下来，而无论该帧的目的地址是否表示发往本站。

如果帧中包含目的地址的是以下三种帧：

- 单播帧(一对一)
- 广播帧(一对全体)
- 多播帧(一对多)

所有的适配器都至少能够识别前两种帧，即能够识别单播地址和广播地址。有的适配器可用编程方法识别多播地址。只有目的地址才能使用广播地址和多播地址。

常用的以太网MAC帧格式有两种标准：

- IEEE 802.3 标准
- DIX Ethernet V2 标准

最常用的MAC帧是以太网V2格式的帧。帧的格式如图3-13所示。

目的地址(6)	源地址(6)	类型(2)	数据(46～1500)	FCS(4)

图3-13　以太网帧的格式

以太网帧的最前面6个字节表示接收此帧的网卡地址，接下来的6字节是发送这个帧的站点的网卡地址。两字节的类型字段用来标志本帧中的数据字段是上一层的什么协议，以便告诉接收此MAC帧的网卡将里面封装的数据上交给上一层的哪个协议。由于MAC帧中的数据既可以是高层的IP协议，也可以是ARP或RARP协议，因此正是通过类型的不同取值来识别封装的数据来自哪个协议。数据字段的正式名称是MAC客户数据字段，帧的最小数据长度为46字节(64字节减去18字节的首部和尾部)。数据的最大长度为1500字节。当数据字段的长度小于46字节时，应在数据字段的后面加入整数字节的填充字段，以保证以太网的MAC帧的长度不小于64字节。为了达到比特同步，在传输媒介上实际传送的数据要比MAC帧还多8个字节的前同步码，在帧的前面插入由硬件生成的8字节前导码，其中第一个字段共7个字节，每个字节都是10101010，用来迅速实现MAC帧的比特同步。接下来的一个字节是帧开始定界符10101011，表示后面的信息就是MAC帧。4字节的FCS字段是帧校验序列，接收端通过对该字段进行校验得知收到的帧是否有错误。

网卡对于检查为无效的MAC帧，只须执行简单地操作：丢弃。以太网不负责重传丢弃的帧。以下几种情况中的帧为无效帧：

- 数据字段的长度不在46～1500字节之间；
- 有效的MAC帧长度在64～1518字节之间；
- 帧的长度不是整数个字节；
- 数据字段的长度与长度字段的值不一致；
- 用收到的帧检验FCS序列，查出有错。

在以太网中，IP分组是通过封装在以太网帧中发送的，因此发送时除了要有接收站的IP地址(IP分组中的目的IP地址)外，还需要接收站的MAC地址(以太网帧的目的MAC地址)。

ARP协议(RFC 826)实现了IP地址(逻辑地址)到MAC地址(物理地址)的动态映射，并将获得的映射存放在ARP高速缓存表中。

已经知道了一台机器(主机或路由器)的IP地址，如何找到相应的硬件地址？地址解析协议ARP能够完成此功能。当知道网络层使用的IP地址时，可使用ARP协议解析出在数据链路层使用的硬件地址。两台主机在通信时，网络层及以上各层使用的是IP地址，而具体的物理网络在发送数据时，使用的是网卡的硬件地址，我们如何在知道对方IP地址时知道其硬件地址呢？可以借助ARP协议。

不管网络层使用的是什么协议，在实际网络的链路上传送数据帧时，最终还是必须使用硬件地址。每台主机都设有一个ARP高速缓存，里面有所在局域网内各主机和路由器的IP地址到硬件地址的映射表。ARP协议在工作时，发送方广播ARP请求分组，里面包含发送方硬件地址、发送方IP地址、目标方硬件地址(未知时填0)以及目标方IP地址。路由器不转发ARP请求分组，发送方在本地广播ARP请求分组。接收方收到ARP请求分组后，向发送方发送 ARP 响应分组，里面包含发送方硬件地址、发送方 IP 地址、目标方硬件地址和目标方 IP 地址。另外，ARP 分组通过封装在帧中进行传输。

我们通过图 3-14 来说明 ARP 工作过程，当主机 1 欲向本局域网内的主机 2 发送 IP 数据报时，主机 1 知道自己的 IP 地址和硬件地址。当然，它要和主机 2 进行通信，也知道主机 2 的 IP 地址，但在将分组封装到帧里面时，它不知道主机 2 的硬件地址，这时先在其 ARP 高速缓存中查看有无主机 2 的 IP 地址。如果有，就可查出对应的硬件地址，再将硬件地址写入 MAC 帧，然后通过局域网将 MAC 帧发往此硬件地址。如果没有，这时 ARP 协议就开始工作，ARP 进程在本局域网内广播一个 ARP 请求分组。虽然所有的计算机都能收到这个 ARP 请求分组，但只有主机 2 才能响应，并向主机 1 发送 ARP 响应分组，主机 1 在收到 ARP 响应分组后，将得到的 IP 地址到硬件地址的映射写入 ARP 高速缓存。

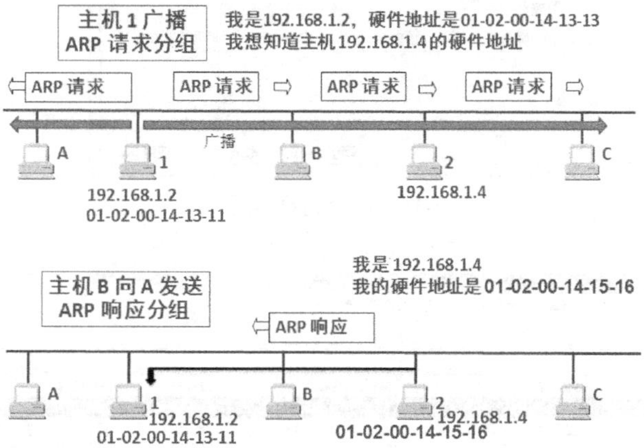

图 3-14　ARP 工作过程

ARP 高速缓存里存放了最近获得的 IP 地址到 MAC 地址的映射，从而减少了 ARP 广播分组的数量。同时，为了减少网络上的通信量，主机 1 在发送其 ARP 请求分组时，就将自己的 IP 地址到硬件地址的映射写入 ARP 请求分组。当主机 2 收到主机 1 的 ARP 请求分组时，就将主机 1 的这一地址映射写入自己的 ARP 高速缓存。主机 2 以后向主机 1 发送数据报时就更方便了。

ARP 协议解决了同一个局域网中主机或路由器的 IP 地址和硬件地址的映射问题。如果要找的主机和源主机不在同一个局域网内，那么就要通过 ARP 找到位于本局域网内某个路由器的硬件地址，然后把分组发送给这个路由器，让这个路由器把分组转发给下一个网络。剩下的工作就由下一个网络来做。

2. 捕获并分析以太网帧

(1) 登录。清空浏览器缓存(在 IE 窗口中，单击“工具”→“Internet 选项”→“删除”命令)，如图 3-15 所示。启动 Wireshark，设置过滤器为 HTTP，开始分组捕获。

(2) 在浏览器的地址栏中输入网站地址 http://gaia.cs.umass.edu/ethereal-labs/HTTP-ethereal-lab-file3.html 并按回车键，浏览器将显示美国权力法案。停止分组捕获。首先，找到主机向服务器 gaia.cs.umass.edu 发送的 HTTP GET 消息的 Segment 序号，以及服务器发送到主机的

HTTP 响应消息的序号。其中，窗口大体如图 3-16 所示。

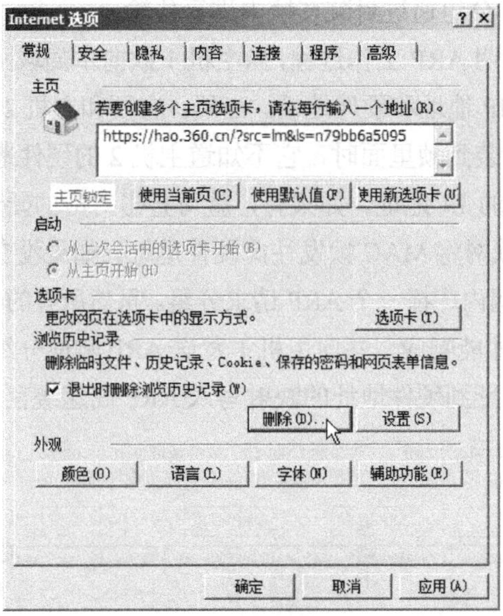

图 3-15　清空浏览器缓存

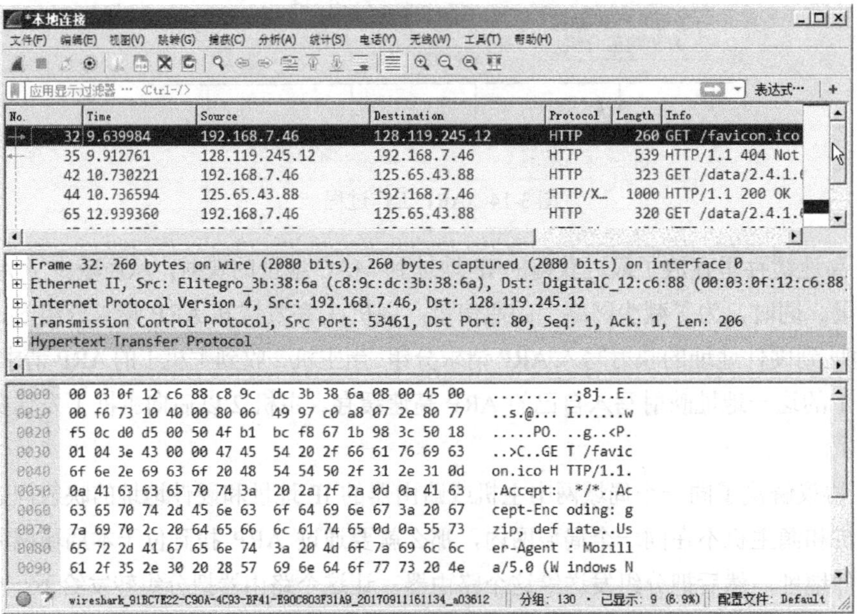

图 3-16　抓取的数据

(3) 选择“分析”→“已启用的协议”，在打开的对话框中，取消选中 IP 复选框，单击 OK 按钮，如图 3-17 所示。

(4) 选择包含 HTTP GET 消息的以太网帧，在分组详细信息窗口中，展开 Ethernet II 部分。根据操作，回答实验思考中的 1～4 题，选择包含 HTTP 响应消息中第一个字节的以太网帧，根据操作，回答实验思考中的 5～8 题。

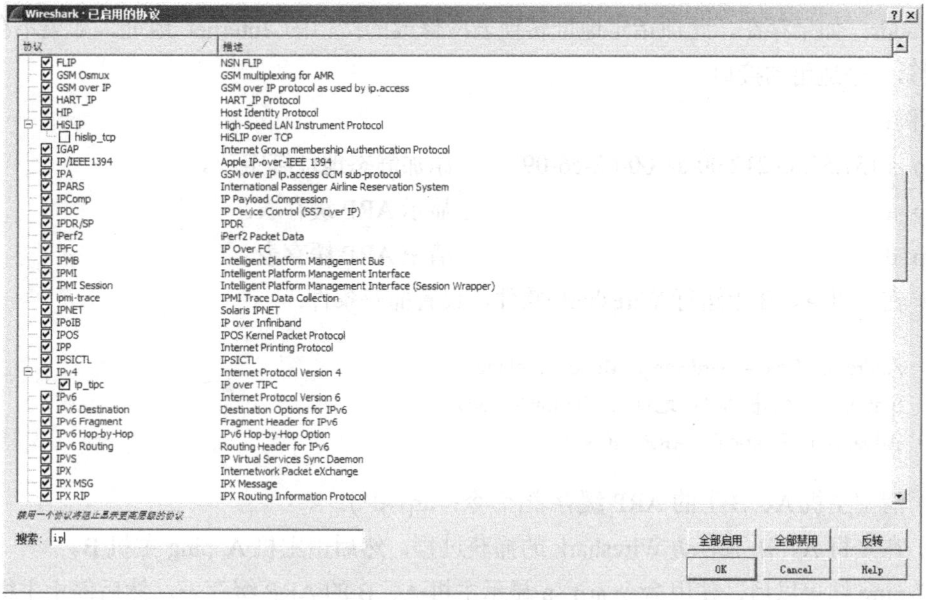

图 3-17　选择要启用的协议

(5) ARP 协议分析。首先来熟悉 ARP 命令的用法，ARP 缓存表中存储了 IP 地址和 MAC 地址的对应关系。Windows 操作系统提供 ARP 命令来显示、创建、删除 ARP 缓存表。ARP 命令的常用用法如下：

- ARP -a：显示 ARP 缓存表的所有内容。
- ARP -an：以 IP 地址显示主机名。
- ARP -a IP 地址：显示由计算机 IP 地址指定的计算机的表目。
- ARP -s IP 地址 硬件地址：创建一个地址映射表目。
- ARP -d IP 地址：删除 ARP 缓存表中 IP 地址所对应一个表目。

```
ARP -s inet_addr eth_addr [if_addr]
ARP -d inet_addr [if_addr]
ARP -a [inet_addr] [-N if_addr] [-v]
```

参数说明如下：

-a：通过询问当前协议数据，显示当前 ARP 项。如果指定 inet_addr，则只显示指定计算机的 IP 地址和物理地址。如果不止一个网络接口使用 ARP，则显示每个 ARP 项。

-g：与-a 相同。

-v：在详细模式下显示当前 ARP 项。所有无效项和环回接口上的项都将显示。

inet_addr：指定 Internet 地址。

-N if_addr：显示 if_addr 指定的网络接口的 ARP 项。

-d：删除 inet_addr 指定的主机。inet_addr 可以是通配符*，以删除所有主机。

-s：添加主机并且将 Internet 地址 inet_addr 与物理地址 eth_addr 相关联。物理地址是用连字符分隔的 6 个十六进制字节。该项是永久的。

eth_addr：指定物理地址。

if_addr：如果存在，此项指定地址转换表应修改的接口的 Internet 地址。如果不存在，就使用第一个适用的接口。

示例：

arp -s 157.55.85.212 00-aa-00-62-c6-09　　添加静态地址绑定项。

arp -a　　显示 ARP 缓存表。

arp -d　　清空 ARP 缓存表。

① 在主机 A、B 上运行 Wireshark 软件，设置捕获条件：

> Address：Type = Hardware，Mode = Include
> Station 1 = <本机 MAC 地址>，Station 2 = any
> Advanced：Protocol = ARP，ICMP

② 清空主机 A、B 上的 ARP 缓存表(命令：arp -d*)。

③ 在主机 A、B 上启动 Wireshark 的捕获过程，然后由主机 A ping 主机 B。

④ ping 结束以后，使用命令 arp -a 显示主机 A、B 的 ARP 缓存表，然后停止主机 A、B 上的 Sniffer 捕获过程并保存捕获数据。

⑤ 在主机 A、B 上再次启动 Wireshark 的捕获过程，然后由主机 B ping 主机 A。

⑥ ping 结束以后，使用命令 arp -a 显示主机 A、B 的 ARP 缓存表，然后停止主机 A、B 上的 Wireshark 捕获过程并保存捕获数据。

⑦ 查看并分析步骤④和步骤⑥中主机 A、B 上的 ARP 缓存表信息，以及步骤④和步骤⑥中在主机 A、B 上捕获的 ARP 分组和 IP 分组信息。

在熟悉 ARP 命令的使用方法后，启动 Wireshark，在过滤栏中输入 ARP。然后打开命令提示符，输入 arp -a 以显示计算机中 ARP 缓存表的内容，再执行 arp -d 以清空 ARP 缓存表。接下来 ping 网关 IP 地址，可以发现协议分析器已经抓取了很多 ARP 数据。如图 3-18 所示对抓取的数据进行保存并分析，回答实验思考 9～17 题中的问题。

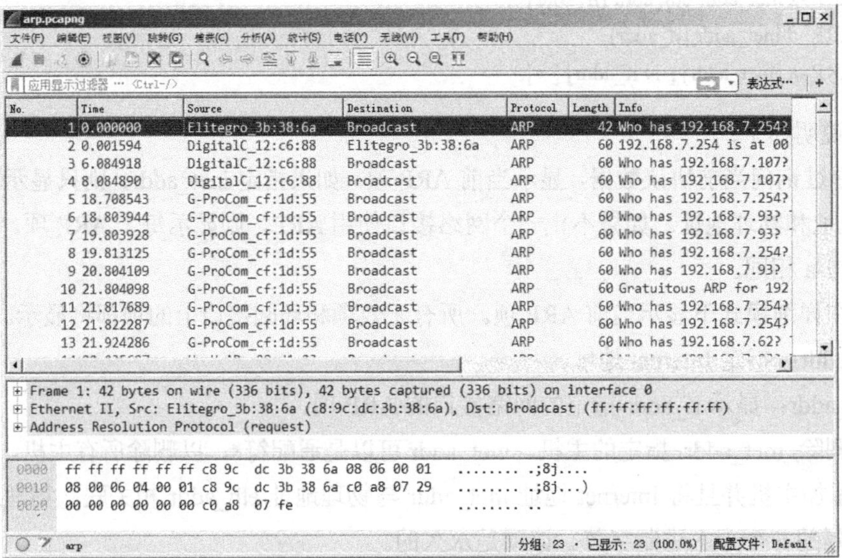

图 3-18　用 ARP 分析抓取数据

四、实验思考

1. 你的计算机的48位以太网地址(MAC地址)是多少？

2. 目标MAC地址是gaia.cs.umass.edu服务器的MAC地址吗？如果不是，该地址是什么设备的MAC地址？

3. 给出帧头部类型字段(2字节)的十六进制值。

4. 在包含“HTTP GET”的以太网帧中，字符“G”的位置是第几个字节，假设帧头部第一个字节的顺序为1。

5. 以太网帧的源MAC地址是多少？该地址是你主机的MAC地址吗？是gaia.cs.umass.edu服务器的MAC地址吗？如果不是，该地址是什么设备的MAC地址？

6. 以太网帧的目的MAC地址是多少？该地址是你主机的地址吗？

7. 给出帧头部2字节类型字段的十六进制值。

8. 在包含“OK”的以太网帧中，从该帧的第一个字节算起，“O”字符是第几个字节？

9. 写下你主机的ARP缓存表中的内容。其中每一列的含义是什么？

10. 包含ARP请求报文的以太网帧的源地址和目的地址的十六进制值各是多少？

11. 给出帧头部类型字段的十六进制值。

12. 从ftp://ftp.rfc-editor.org/innotes/std/std37.txt处下载ARP规范说明。在http://www.erg.abdn.ac.uk/users/gorry/course/inet-pages/arp.html处有一个关于ARP的讨论网页。根据操作回答：

a) 形成ARP响应报文的以太网帧中，ARP-payload部分opcode字段的值是多少？

b) 在ARP报文中是否包含发送方的IP地址？

13. 包含ARP响应报文的以太网帧中，源地址和目的地址的十六进制值各是多少？

14. 主机B捕获不到主机A发出的ARP请求分组。因为主机A发出的封装ARP请求分组的帧的源地址是主机A、目的地址是广播地址，不匹配捕获条件(station1＝B，station2＝any)。

15. 如果将Address Type捕获条件设为IP，将捕获不到ARP分组。因为设为IP则是根据IP首部中的地址信息捕获，但是ARP分组直接封装在数据帧中传输，没有IP首部，只能根据帧中的MAC地址(硬件地址)进行捕获。

16. 如果将station2的地址设置为对方主机的地址，将只能捕获到ARP响应分组，但没有ARP请求分组。因为ARP请求分组是广播发送的，即封装该分组的数据帧的目的地址是广播地址，与station1和station2的地址均不匹配。

17. 如果station1和station2的地址均设置成any，将能捕获到同一以太网上其他实验小组内交互的ARP请求分组，但没有ARP响应分组和IP分组。因为ARP请求分组是封装在广播帧中发送的，而实验室中连接计算机的以太网交换机不阻隔广播帧，所以此时每台计算机都能收到该以太网上的ARP请求分组。但是ARP响应分组和IP分组都是单播发送的，交换机会阻隔单播帧，因而捕获不到目的不是自己的ARP响应分组和IP分组。

实验 13　网络层协议分析

一、实验目的

1. 掌握网络层协议。
2. 掌握 TCP/IP 体系结构。
3. 掌握 ping 和 tracert 命令的使用方法。
4. 了解 ICMP 协议报文类型及作用。
5. 理解 IP 协议报文类型和格式。
6. 掌握 IP 协议分析的方法。
7. 加深对网络层协议的理解。
8. 学会使用网络分析工具。

二、实验内容

1. 分析 IP 协议格式。
2. 分析 ICMP 协议格式。
3. 分析 ARP 协议格式。

三、实验步骤

1. 网络层协议知识

在网络层中，主要包括网际协议 IP，它是 TCP/IP 体系结构中两个最重要的协议之一。与 IP 配套使用的还有三个协议：

- 互联网控制报文协议 ICMP(Internet Control Message Protocol)
- 互联网组管理协议 IGMP(Internet Group Management Protocol)
- 地址解析协议 ARP(Address Resolution Protocol)

IP 协议是无连接的不可靠协议，当 IP 分组在传输过程中出现错误时，需要采取一定的机制来让通信双方知道发生了什么错误，为了更有效地转发 IP 分组以及提高交付成功的机会，在网络层使用网际控制报文协议 ICMP 来进行差错控制或了解网络状态。ICMP 允许主机或路由器报告差错情况和提供有关异常情况的报告。ICMP 是互联网的标准协议。但 ICMP 不是高层协议(看起来好像是高层协议，因为 ICMP 报文封装在 IP 数据报中，作为其中的数据部分)，而是网络层协议。图 3-19 是 TCP/IP 网络体系结构图。

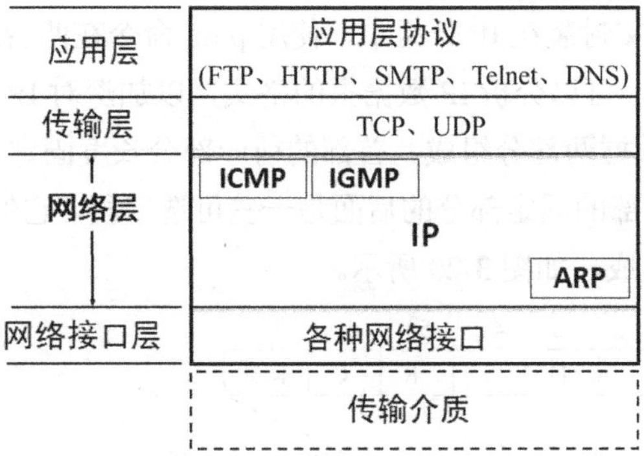

图 3-19　TCP/IP 网络体系结构

执行 ping 和 tracert 命令，分别截获报文，分析截获的 ICMP 报文类型和 ICMP 报文格式，可以理解 ICMP 协议的作用。目前网络中常用的基于 ICMP 的应用程序主要有 ping 命令和 tracert 命令。

ping 命令是调试网络的常用工具之一。它通过发出 ICMP Echo 请求报文并监听回应来检测网络的连通性。

ping 命令只有在安装了 TCP/IP 协议之后才可以使用，格式如下：

```
ping [-t] [-a] [-n count] [-l size] [-f] [-i TTL] [-v TOS] [-r count] [-s count]
[[-j host-list] | [-k host-list]] [-w timeout] target_name
```

这里对实验中可能用到的参数解释如下：

-t：用户所在主机不断向目标主机发送回送请求报文，直到用户中断。

-n count：指定要 ping 多少次，具体次数由后面的 count 参数指定，默认值为 4。

-l size：指定发送到目标主机的数据包的大小，默认为 32 字节，最大值是 65527。

-w timeout：指定超时间隔，单位为毫秒。

target_name：指定要 ping 的远程计算机。

traceroute 命令用来获得从本地计算机到目的主机的路径信息。在 Windows 中该命令为 tracert，在 UNIX 系统中为 traceroute。tracert 先发送 TTL 为 1 的回显请求报文，并在随后的每次发送过程将 TTL 递增 1，直到目标响应或 TTL 达到最大值，从而确定路由。它返回的信息要比 ping 命令详细得多，它把你发送出的到某一站点的请求包所走的全部路由均告诉你，并且告诉你通过该路由的 IP 是多少，通过该 IP 的时延是多少。

tracert 命令同样要在安装了 TCP/IP 协议之后才可以使用，格式为：

```
tracert [-d] [-h maximum_hops] [-j computer-list] [-w timeout] target_name
```

参数含义为：

-d：不解析目标主机的名称。

-h：指定搜索到目标地址的最大跳跃数。

-j：按照主机列表中的地址释放源路由。

-w：指定超时时间间隔，程序默认的时间单位是毫秒。

我们知道，ICMP 报文封装在 IP 分组中，使用 ping 命令在两台计算机之间发送数据报，用 Wireshark 截获数据报，可以分析 IP 数据报的格式，以加深对 IP 协议的理解。

IP 数据报由首部和数据两部分组成。首部的前一部分长度固定，共 20 字节，是所有 IP 数据报必须具有的。在首部的固定部分的后面是一些可选字段，它们的长度是可变的。IP 报文由报头和数据两部分组成，如图 3-20 所示。

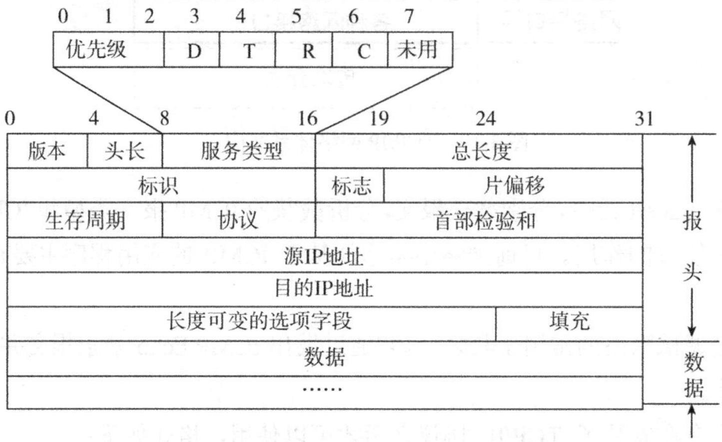

图 3-20　IP 报文格式

我们已经从前边的实验中看到，IP 报文要交给数据链路层，在封装后才能发送。理想情况下，每个 IP 报文正好能放在同一个物理帧中发送。但在实际应用中，每种网络技术所支持的最大帧长各不相同。例如：以太网帧中最多可容纳 1500 字节的数据；FDDI 帧最多可容纳 4470 字节的数据。这个上限被称为物理网络的最大传输单元。

TCP/IP 协议在发送 IP 数据报文时，一般选择一个合适的初始长度。当报文要从一个 MTU 大的子网发送到一个 MTU 小的网络时，IP 协议就把这个报文的数据部分划分成能被目的子网容纳的较小数据分片，组成较小的报文来发送。每个较小的报文被称为一个分片(Fragment)。每个分片都有一个 IP 报文头，分片后的数据报的 IP 报头和原始 IP 报头除分片偏移、MF 标志位和校验字段不同外，其他都一样。

重组是分片的逆过程，分片只有到达目的主机后才进行重组。当目的主机收到 IP 报文时，根据其片偏移和 MF 标志位判断其是否是一个分片。若 MF 为 0、片偏移为 0，则表明它是一个完整的报文；否则，则表明它是一个分片。当一个报文的全部分片都到达目的主机时，IP 就根据报头中的标识符和片偏移将它们重新组成一个完整的报文，交给上层协议处理。

ARP 分组封装在以太网帧中，使用 Windows 自带的 arp 命令可以显示和修改地址解析协议所使用的地址映射表。

arp 命令的格式要求如下：

```
arp -s inet_addr eth_addr [if_addr]
arp -d inet_addr [if_addr]
arp -a [inet_addr] [-N if_addr]
```

其中：

-s：在 ARP 缓存表中添加表项。将 IP 地址 inet_addr 和物理地址 ether_addr 关联，物理地址由以连字符分隔的 6 个十六进制数给定，使用点分十进制标记指定 IP 地址，添加项是永久性的。

-d：删除由 inet_addr 指定的表项。

-a：显示当前 ARP 缓存表，如果指定了 inet_addr，则只显示指定计算机的 IP 地址和物理地址。

inet_addr：以点分十进制标记指定 IP 地址。

-N：显示由 if_addr 指定的 ARP 表项。

if_addr：指定需要选择或修改其地址映射表接口的 IP 地址。

ether_addr：指定物理地址。

2. ICMP 协议分析

步骤 1：分别在 PC1 和 PC2 上运行 Wireshark，开始截获报文，为了只截获和实验内容有关的报文，将 Wireshark 的应用过滤器规则设置为 ICMP。

步骤 2：在 PC1 上以 PC2 为目标主机，在命令行窗口中执行 ping 命令。

步骤 3：停止截获报文，将截获的结果保存为 ICMP-1-学号。分析截获的结果，如图 3-21 所示，并回答下列问题：

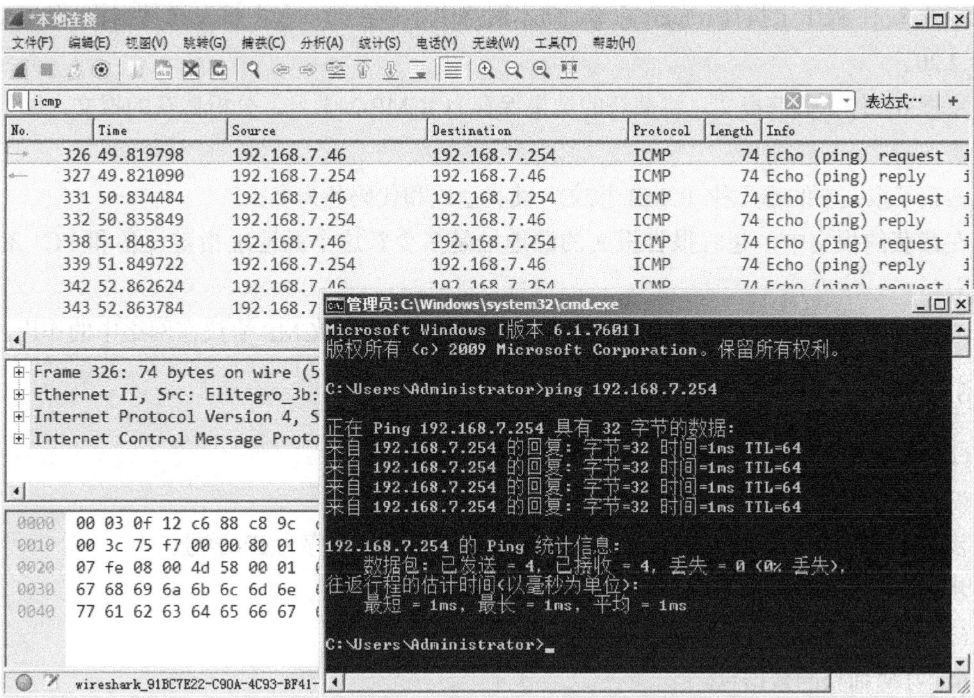

图 3-21　运行 ping 命令抓取 ICMP 报文

A) 本次实验截获了几个 ICMP 报文？分别属于哪种类型？

B) 分析截获的 ICMP 报文，查看表 3-1 要求的字段值，填入表中。

表 3-1　ICMP 报文分析

报文号	源 IP	目的 IP	报文格式			
			类型	代码	标识	序列号

分析在表 3-1 中，是哪个字段保证，回送请求报文和回送应答报文一一对应，仔细体会 ping 命令的作用。

步骤 4：在 PC1 上运行 Wireshark，开始截获报文。

步骤 5：在 PC1 上执行 tracert 命令，向本网络中不存在的一台主机发送数据报，如 tracert 10.11.2.20。

步骤 6：停止截获报文，将截获的结果保存为 ICMP-2-学号。分析截获的报文，回答下列问题：

截获了报文中的哪几种 ICMP 报文？其类型码和代码各为多少？

在截获的报文中，超时报告报文的源地址是多少？这个源地址指定设备和 PC1 有何关系？

通过对两次截获的 ICMP 报文进行综合分析，仔细体会 ICMP 协议在网络中的作用。

3. IP 协议分析

(1) 打开网络分析工具软件。

(2) 抓取浏览器数据包。

步骤 1：截获在 PC1 上 ping PC2 产生的报文，将结果保存为 IP-学号。

步骤 2：任取一个数据包，分析 IP 协议的报文格式。

(3) 停止抓包。

(4) 存储捕获的数据包。

(5) 分析数据包。

选择一个 IP 数据报，分析 IP 数据报头的格式，完成表 3-2。

表 3-2　IP 协议

字段	报文信息	说明
版本		
头长		
服务类型		
总长度		
标识		
标志		
片偏移		
生存周期		
协议		
校验和		
源地址		
目的地址		

查看该数据报的源 IP 地址和目的 IP 地址，分别是哪类地址？体会 IP 地址的编址方法。

4. IP 数据报分片实验

步骤 1：在 PC1、PC2 两台计算机上运行 Wireshark，为了只截获和实验有关的数据包，设置 Wireshark 的截获条件为对方主机的 IP 地址，开始截获报文。

步骤 2：在 PC1 上执行如下 ping 命令，向主机 PC2 发送 4500 字节的数据报文。

```
ping  -l  4500  -n 6  PC2 的 IP 地址
```

步骤 3：停止截获报文，分析截获的报文，回答下列问题。

A) 以太网的 MTU 是多少？

B) 对截获的报文进行分析，将属于同一 ICMP 请求报文的分片找出来，主机 PC1 向主机 PC2 发送的 ICMP 请求报文分成了几个分片？

C) 若要将从主机 PC1 向主机 PC2 发送的数据分为 3 个分片，则 ping 命令中的报文长度应为多大？为什么？

D) 将第二个 ICMP 请求报文的分片信息填入表 3-3。

表 3-3　ICMP 请求报文分片信息

分片序号	标识	标志	片偏移	数据长度

5. ARP 协议分析实验

步骤 1：在 PC1、PC2 两台计算机上执行如下命令，清除 ARP 缓存表。

```
arp -d
```

步骤 2：在 PC1、PC2 两台计算机上执行如下命令，查看高速缓存中的 ARP 地址映射表的内容。

```
arp -a
```

步骤 3：在 PC1 和 PC2 两台计算机上运行 Wireshark 以截获报文，为了截获和实验内容有关的报文，将过滤器规则设置为 ICMP。

步骤 4：在主机 PC1 上执行 ping 命令，向主机 PC2 发送数据包。

步骤 5：执行完毕，保存截获的报文并命名为 arp-1-学号。

步骤 6：在 PC1、PC2 两台计算机上再次执行 arp -a 命令，查看高速缓存中的 ARP 地址映射表的内容。

A) 这次看到的内容和步骤 2 的内容相同吗？结合两次看到的结果，理解 ARP 高速缓存的作用。

B) 把这次看到的高速缓存中的 ARP 地址映射表写出来。

步骤 7：重复步骤 4 和 5，将结果保存为 arp-2-学号。

步骤 8：打开 arp-1-学号，完成以下各题。

A) 在截获的报文中有几个 ARP 报文？在以太帧中，ARP 协议类型的代码值是什么？

B) 分析 arp-1 中 ARP 报文的结构，完成表 3-4。

表 3-4　ARP 报文分析

ARP 请求报文		ARP 应答报文	
字段	报文信息及参数	字段	报文信息及参数
硬件类型		硬件类型	
协议类型		协议类型	
硬件地址长度		硬件地址长度	
协议地址长度		协议地址长度	
操作		操作	
源站物理地址		源站物理地址	
源站 IP 地址		源站 IP 地址	
目的站物理地址		目的站物理地址	
目的站 IP 地址		目的站 IP 地址	

四、实验思考

1. 根据实验内容，绘制 IP 头部格式。
2. 绘制网络层各种协议的封装关系。
3. 列出 4 种常见的 ICMP 报文类型。
4. 通过网络查找 ping 程序的源代码，并描述程序设计思想。
5. 对分组分片后，哪些字段和原分组相同，哪些不同？通过实验加以比较。

实验 14　传输层协议分析

一、实验目的

1. 理解 UDP 协议的工作原理。
2. 掌握 UDP 的数据包格式。
3. 掌握 TCP 建立连接的过程。
4. 利用 Wireshark 对 TCP 协议进行分析。
5. 掌握 TCP 协议的工作原理。
6. 理解 TCP 协议的通信过程。

二、实验内容

1. 学习 UDP 协议的通信过程。
2. 学会手工计算 UDP 校验和。
3. 理解 TCP 首部各字段的含义及作用。
4. 理解三次握手的过程。
5. 能够分析 TCP 协议的建立连接、会话和断开连接的全过程。
6. 学会计算 TCP 校验和。
7. 了解 TCP 的标志字段的作用。

三、实验步骤

1. 传输层协议

TCP/IP 体系结构的传输层有两个主要协议：

- 用户数据报协议 UDP(User Datagram Protocol)
- 传输控制协议 TCP(Transmission Control Protocol)

网络层提供主机之间的逻辑通信，通过网络层，可以将分组从一个节点发送到另一个节点。由于一台计算机可能运行了很多进程，通过计算机网络，我们不仅仅要将数据传送到某台主机，而且最终要将数据传送到某个进程。也就是说，网络通信的真正端点并不是主机，而是主机中的进程，端到端的通信是应用进程之间的通信。路由器的功能只是转发分组，所以路由器工作在网络层，没有传输层，因为不需要端到端的通信。

在一台主机中经常有多个应用进程同时分别和另一台主机中的多个应用进程通信。传输层通过复用和分用来为应用层提供服务。根据应用程序的不同需求，传输层提供两种不同的传输层协议，即面向连接的可靠 TCP 和无连接的不可靠 UDP。

应用层在使用传输层提供的服务时，可以根据应用的特点选择 TCP 或 UDP，传输层向高层用户屏蔽了下面网络的核心细节(如网络拓扑、所采用的路由选择协议等)，它使应用进程看见的就好像在两个传输层实体之间有一条端到端的逻辑通信信道。但这条逻辑通信信道对上层的表现却因传输层使用的协议不同而有很大的差别。当传输层采用面向连接的 TCP 协议时，尽管下面的网络是不可靠的(只提供尽最大努力的服务)，但这种逻辑通信信道就相当于一条全双工的可靠信道。当传输层采用无连接的 UDP 协议时，这种逻辑通信信道是一条不可靠信道。

两个对等传输层实体在通信时传送的数据单位叫作传输协议数据单元 TPDU(Transport Protocol Data Unit)。TCP 传送的数据单位是 TCP 报文段(segment)。UDP 传送的数据单位是 UDP 报文或用户数据报。

UDP 是传输层中的一种无连接协议，为应用层提供不可靠的无连接服务。在传送数据之前不需要先建立连接。传送的数据单位是 UDP 报文或用户数据报。对方的传输层在收到 UDP 报文后，不需要给出任何确认。虽然 UDP 不提供可靠交付，但在某些情况下 UDP 是一种最有效的工作方式。UDP 只在 IP 的数据报服务之上增加了很少的功能：复用和分用，差错检测。虽然 UDP 的用户数据报只能提供不可靠的交付，但 UDP 在以下方面拥有特殊的优点：

1) UDP 是无连接的，发送数据之前不需要建立连接，因此减少了开销和发送数据之前的时延。

2) UDP 使用尽最大努力交付策略，即不保证可靠交付，因此主机不需要维持复杂的连接状态表。

3) UDP 是面向报文的。UDP 对应用层交下来的报文，既不合并，也不拆分，而是保留这些报文的边界。UDP 一次交付一个完整的报文。

4) UDP 没有拥塞控制，因此网络中出现的拥塞不会使源主机的发送速率降低。这对某些实时应用是很重要的，很适合多媒体通信。

5) UDP 支持一对一、一对多、多对一和多对多的交互通信。

6) UDP 的首部开销小，只有 8 个字节，比 TCP 的 20 个字节的首部要短。

UDP 是面向非连接的协议，发送端与接收端在传输数据包之前不建立连接，而只是简单地把数据包发送到网络上，或者从网络上接收数据包。UDP 提供不可靠的数据传输服务。UDP 封装在 IP 数据报中，图 3-22 显示了 UDP 封装关系。

UDP 数据报包括首部和数据两部分，图 3-23 显示了 UDP 首部各个字段的组成。

尽管 UDP 校验和的基本计算方法与 IP 首部“校验和”的计算方法类似(16 位的二进制反码和)，但是它们之间存在不同的地方。

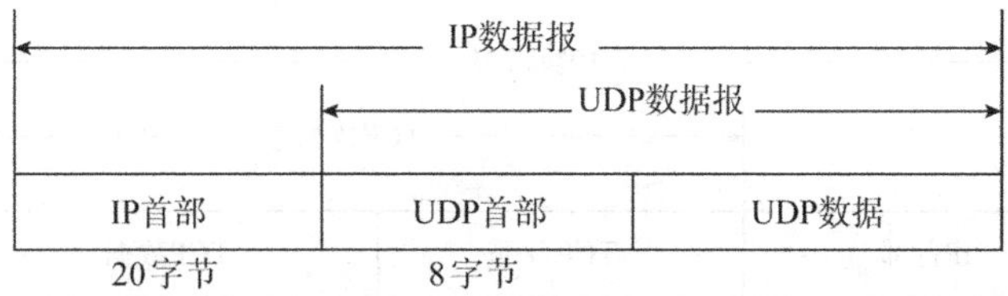

图 3-22　UDP 的封装

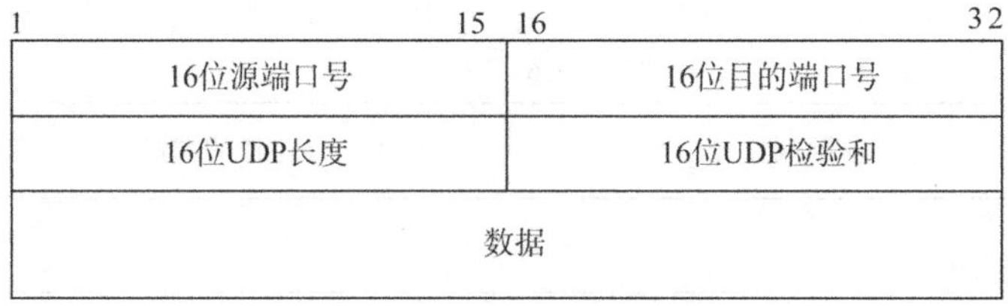

图 3-23　UDP 数据报格式

首先，UDP 数据报的长度可以为奇数字节，但是“校验和”的算法是把若干个 16 位字相加。解决方法是必要时在最后增加填充字节 0，这只是为了进行“校验和”的计算(也就是说，可能增加的填充字节不被传送)。

其次，UDP 数据报包含一个 12 字节长的伪首部，它是为了计算“校验和”而设置的。伪首部包含 IP 首部一些字段。其目的是让 UDP 两次检查数据是否已经正确到达目的地。发送时不用传送伪首部，但接收时用 IP 头中的信息构建伪首部，然后计算“校验和”用以判错。

UDP“校验和”是一个端到端的“校验和”。它由发送端计算，然后由接收端验证。其目的是发现 UDP 首部和数据在从发送端到接收端之间发生的任何改动。

UDP 数据报中的伪首部格式如图 3-24 所示。

图 3-24　UDP 分组的伪首部

TCP 协议是面向连接的、端到端的可靠传输协议，它支持多种网络应用程序。TCP 必须解决可靠性、流量控制的问题，能够为上层应用程序提供多个接口，同时为多个应用程序提供数据，TCP 也必须能够解决通信安全性的问题。图 3-25 显示了 TCP 的封装示意图。

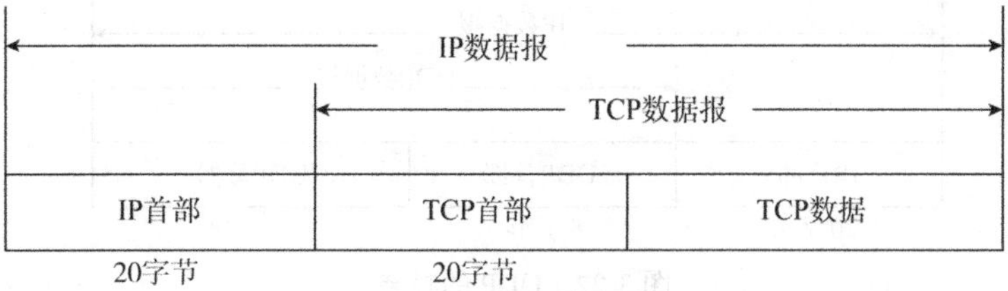

图 3-25　TCP 的封装

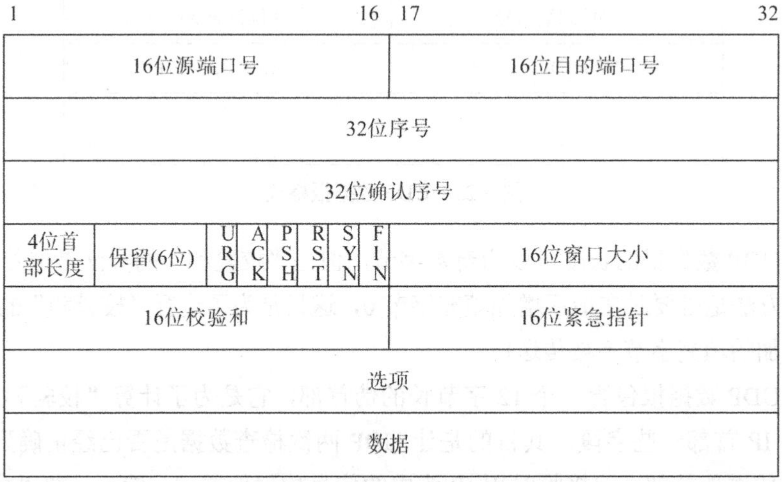

图 3-26　TCP 首部格式

TCP 虽然是面向字节流的，但 TCP 传送的数据单元叫作报文段。TCP 报文段分为首部和数据两部分，TCP 的全部功能都体现在某首部中各字段的作用。TCP 报文段首部的前 20 个字节是固定的，后面有 4n 字节是根据需要而增加的选项(n 是整数)。因此，TCP 首部的最小长度是 20 字节。图 3-26 显示了 TCP 首部格式，各个字段的含义如下：

- 16 位源端口号和 16 位目的端口号：端口号通常也称为进程地址。
- 32 位序号：序号用来标识从 TCP 发送端向 TCP 接收端发送的数据字节流。
- 32 位确认序列号：表示准备接收包的序列号。
- 4 位首部长度：首部长度指出了首部中 32 位字的数目。正常的 TCP 首部长度是 20 字节。
- 6 个标志字段：URG 紧急指针；ACK 确认序号；PSH 推送标志；RST 重建连接；SYN 同步序号；FIN 结束标志。
- 16 位窗口：TCP 的流量控制由连接的每一端通过声明的滑动窗口大小来提供，窗口大小为字节数。
- 16 位校验和：校验和字段覆盖了 TCP 首部和 TCP 数据。TCP 校验和的计算方法和 UDP 校验和的计算方法一样，计算时需要考虑伪报头。
- 16 位紧急指针：URG 标志置 1 时紧急指针才有效。

TCP 不提供广播或多播服务。由于 TCP 要提供可靠的、面向连接的运输服务，因此不可避免地增加了许多开销。这不仅使协议数据单元的首部增大很多，还要占用许多的处理器资源。TCP 是面向连接的运输层协议。每一条 TCP 连接只能有两个端点，每一条 TCP 连接可以是点对点(一对一)的。TCP 提供可靠交付的服务。TCP 提供全双工通信。面向字节流 TCP 中的“流”(stream)指的是流入或流出进程的字节序列。

面向字节流的含义是：虽然应用程序和 TCP 的交互是一次一个数据块，但 TCP 把应用程序交下来的数据仅仅看成一连串无结构的字节流。TCP 不保证接收方应用程序收到的数据块和发送方应用程序发出的数据块具有对应大小的关系。但接收方应用程序收到的字节流必须和发送方应用程序发出的字节流完全一样。

运行在计算机中的进程是用进程标识符标志的，但运行在应用层的各种应用进程却不应让计算机操作系统指派进程标识符。这是因为在互联网上使用的计算机操作系统种类很多，而不同的操作系统又使用不同格式的进程标识符。为了使运行不同操作系统的计算机的应用进程能够互相通信，就必须用统一的方法对 TCP/IP 体系的应用进程进行标志。

由于进程的创建和撤销都是动态的，因此发送方几乎无法识别其他机器上的进程。有时我们会改换接收报文的进程，但并不需要通知所有发送方。我们往往需要利用目的主机提供的功能来识别终点，而不需要知道实现这个功能的进程。解决这个问题的方法就是在运输层使用协议端口号(protocol port number)，或通常简称为端口(port)。虽然通信的终点是应用进程，但我们可以把端口想象成通信的终点，因为我们只须把要传送的报文交到目的主机的某个合适的目的端口，剩下的工作(即最后交付目的进程)就由 TCP 来完成。

传输层使用端口作为应用层的服务访问点，端口由十六位二进制值标识，分为服务器端使用的端口号以及客户端使用的端口号。服务器端口包括：知名端口，数值一般为 0～1023；登记端口号，数值为 1024～49151，由知名端口号的应用程序使用。使用这个范围的端口号必须在 IANA 登记，以防止重复。剩下的是客户端使用的端口号，又称为短暂端口号，数值为 49152～65535，留给客户进程选择暂时使用。当服务器进程收到客户进程的报文时，就知道了客户进程所使用的动态端口号。通信结束后，这个端口号可供其他客户进程以后使用。

FTP 协议是用于文件传输的应用层协议，采用客户端/服务器模式实现文件传输功能，使用 TCP 协议提供的面向连接的可靠传输服务。FTP 客户端和服务器之间使用两条 TCP 连接来传输文件：控制连接(TCP 端口 21)和数据连接(TCP 端口 20)。在整个 FTP 会话交互过程中，控制连接始终处于连接状态；数据连接则在每一次文件传送时打开，文件传送完毕后关闭。因此，整个 FTP 会话中如果传送多个文件，那么数据连接会打开和关闭多次。

TCP 协议(RFC 793)是面向连接的、可靠的运输层协议，通过连接建立和连接终止这两个过程完成面向连接的传输。TCP 连接的建立通常被称为“三向握手”。在建立 TCP 连接之前，服务器程序需要向它的 TCP 模块发出被动打开请求，表示服务器已经准备好接受客户的连接。客户程序则要向它的 TCP 模块发出主动打开请求，表示该客户需要连接特定的服务器。然后即可开始建立 TCP 连接。

TCP 连接中的任何一方(客户端或服务器)都可以关闭连接。当一方的连接被终止时，另一方还可以继续向对方发送数据。因此，要关闭双向的 TCP 连接，就需要 4 个动作。

2. UDP 协议分析

(1) UDP 包的捕获与分析：打开 Wireshark，进行必要设置(非混杂模式以避免干扰，仅 UDP 包，达到设定的抓包数量后自动停止等)，随机抓取两个 UDP 包，分别提取出包的 UDP 首部，分析出该包的源端口、目的端口、UDP 包长度、该包是从客户端发给服务器还是相反？

(2) 选择一个 UDP 数据报并在下方填写封装该数据报的以太网帧的首部：

目的 MAC 地址：

源 MAC 地址：

类型：

(3) 填写该 UDP 数据报的 IP 分组首部信息：

协议版本号：

首部长度：

区分服务：

分组总长度：

标识：

标志位：

片偏移：

TTL:

协议：

校验和：

源 IP 地址：

目的 IP 地址：

(4) UDP 协议信息：

源端口号：

目的端口号：

UDP 长度：

校验和：

3. TCP 建立连接分析

将实验者的计算机作为 FTP 客户端，通过 ftp 命令与 FTP 服务器进行一次 FTP 会话活动。使用 Wireshark 软件捕获通信双方的交互信息，考察 TCP 协议的连接建立过程和连接终止过程。分析在 TCP 连接建立和连接终止过程所捕获的 TCP 报文段，掌握 TCP 报文段首部的端口地址、序号、确认号和各个码元比特的含义和作用。结合 FTP 操作，体会网络应用程序间的交互模式——客户端/服务器(C/S)模式。

本实验中，每人一台计算机。所有计算机和一台 FTP 服务器通过以太网交换机连接在一个以太网中。该以太网位于一个 IP 网络中，没有连接路由器。假设 FTP 服务器的 IP 地址为 192.168.4.12，允许 FTP 客户端匿名访问，实验计算机能够访问 FTP 服务器。

(1) 在本主机上运行 Wireshark 软件，设置捕获条件：

host 192.168.4.12　and　tcp

(2) 启动 Wireshark 捕获过程，然后在主机的命令窗口中以命令行的方式启动 FTP 客户端进程，过程如图 3-27 所示。

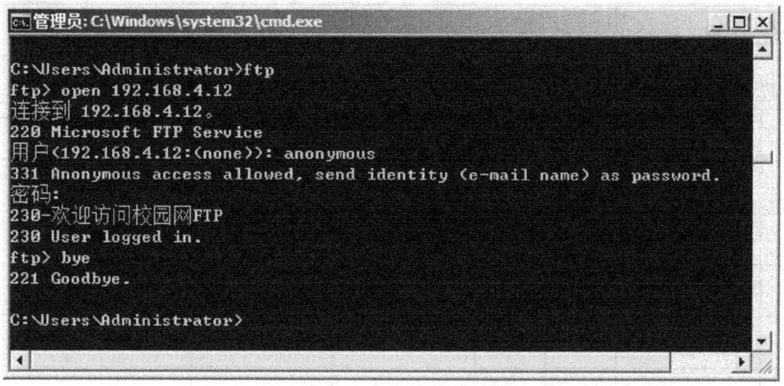

图 3-27　运行 ftp 命令

(3) 停止 Sniffer 捕获过程，保存捕获数据，捕获的数据如图 3-28 所示。

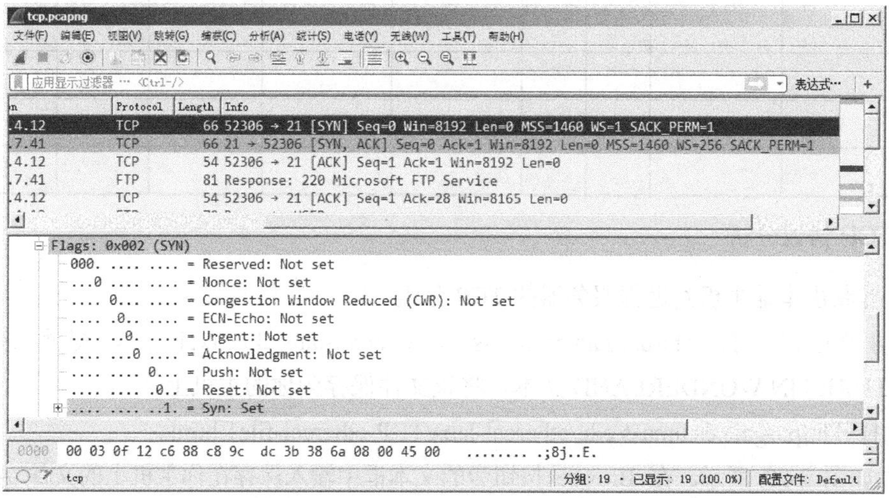

图 3-28　TCP 连接建立数据分析

(4) 实验数据分析。

FTP 客户端的 TCP 端口号=____，初始序号=____；FTP 服务器的 TCP 端口号=____，初始序号=____。

如果再执行一遍步骤(2)中的 FTP 操作过程，此时只有 FTP 服务器的 TCP 端口号保持不变，FTP 服务器的初始序号以及 FTP 客户端的 TCP 端口号和初始序号都有可能改变。因为 FTP 服务器的 TCP 端口号是全局唯一的知名端口号，因此不会改变。而客户端的 TCP 端口号是客户端每次建立 TCP 连接时随机选取的短暂端口号，FTP 客户端和服务器的 TCP 初始序号也是建立 TCP 连接时随机产生的，所以它们都有可能改变。

TCP 报文段中的窗口值定义了该报文段源端的接收窗口大小，也是无拥塞时目的端的发送窗口大小。

实验中，只有 SYN 报文段的首部携带 MSS 选项信息。将捕获数据包填写在表 3-5 中，并绘制 TCP 连接建立的时序图。

表 3-5　TCP 连接建立与释放信息

No	IP 分组首部		TCP 报文段							
	IP 地址		端口		序号	确认号	标志位	窗口	长度	
	源	目的	源	目的					首部	数据

4. TCP 协议分析

(1) 捕获由本地主机到远程服务器的 TCP 分组。

启动浏览器，打开 http://gaia.cs.umass.edu/ethereal-labs/alice.txt 网页，得到 ALICE'S ADVENTURES IN WONDERLAND 文本，将该文件保存到你的主机上。

(2) 打开http://gaia.cs.umass.edu/ethereal-labs/TCP-ethereal-file1.html。

界面如图 3-29 所示。在 Browse 按钮旁的文本框中输入保存在你主机上的文件 ALICE'S ADVENTURES IN WONDERLAND 的全名(含路径)，此时不要单击“Upload alice.txt file”按钮。

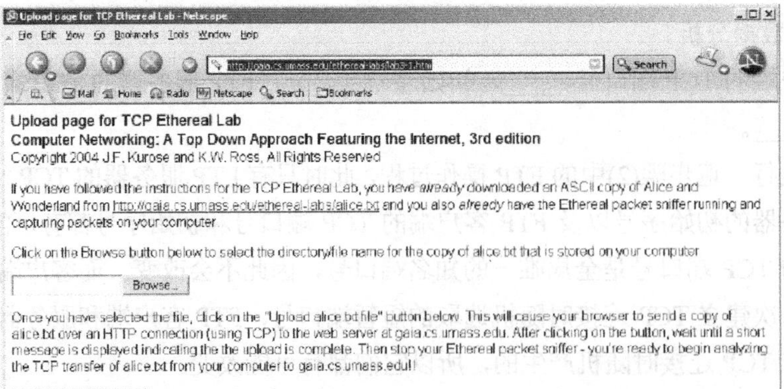

图 3-29　网页界面

(3) 启动 Wireshark，开始分组捕获。在浏览器中单击“Upload alice.txt file”按钮，将文件上传到 gaia.cs.umass.edu 服务器，一旦文件上传完毕，一条简短的贺词信息将显示在浏览器窗口中。

(4) 停止分组捕获。

(5) 浏览追踪信息。

在显示筛选规则的编辑框中输入“tcp”，可以看到在本地主机和服务器之间传输的一系列 TCP 和 HTTP 消息，应该能看到包含 SYN Segment 的三次握手。也可以看到有主机向服务器发送的 HTTP POST 消息和一系列的“http continuation”报文。

(6) 根据实验操作回答实验思考中的题 1 和题 2。

(7) 根据实验操作回答实验思考中的题 3～10。

(8) TCP 拥塞控制。

在 Wireshark 已捕获分组列表子窗口中选择一个 TCP 报文段。选择菜单 Statistics->TCP Stream Graph-> Time-Sequence-Graph(Stevens)，你将会看到如图 3-30 所示的结果。

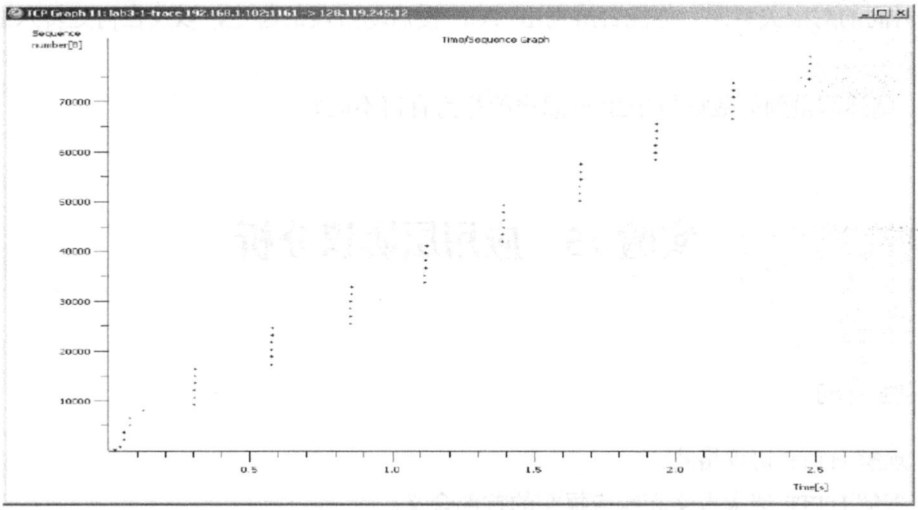

图 3-30　Stevens 图

根据操作回答实验思考中的题 11 和题 12。

四、实验思考

在实验的基础上，回答以下问题：

1. 向 gaia.cs.umass.edu 服务器传送文件的客户端主机的 IP 地址和 TCP 端口号分别是多少？

2. gaia.cs.umass.edu 服务器的 IP 地址是多少？对于这一连接，它用来发送和接收 TCP 报文的端口号是多少？

3. 客户端和服务器之间用于初始化 TCP 连接的 TCP SYN 报文段的序号(sequence number)是多少？在该报文段中，用什么来标识该报文段是 SYN 报文段？

4. 服务器向客户端发送的 SYN-ACK 报文段序号是多少？在该报文段中，Acknowledgement

字段的值是多少？gaia.cs.umass.edu 服务器是如何决定此值的？在该报文段中，用什么来标识该报文段是 SYN-ACK 报文段？

5. 包含 HTTP POST 消息的 TCP 报文段的序号是多少？

6. 如果将包含 HTTP POST 消息的 TCP 报文段看作 TCP 连接的第一个报文段，那么该 TCP 连接的第六个报文段的序号是多少(从客户端到服务器方向)？是何时发送的？该报文段对应的 ACK 是何时接收的？

7. 前六个 TCP 报文段的长度各是多少？

8. 在整个跟踪过程中，接收端向发送端通知的最小可用缓存是多少？限制发送端的传输以后，接收端的缓存是否仍然不够用？

9. 在跟踪文件中是否有重传的报文段？(没有)判断的依据是什么？

10. TCP 连接的吞吐率(bytes transferred per unit time，单位时间传输的字节数)是多少？写出你的计算过程。

11. 利用 Time-Sequence-Graph(Stevens)绘制工具，浏览由客户端向服务器发送的报文段序号和时间的对应关系图。你能否辨别出 TCP 慢启动阶段的起止，以及在何处转入避免拥塞阶段？

12. 阐述测量到的数据与 TCP 理想化的行为有何不同？

实验 15　应用层协议分析

一、实验目的

1. 理解 HTTP 协议格式。
2. 理解 HTTP 请求报文和响应报文的首部含义。
3. 理解 FTP 客户端和服务器的交互过程。
4. 掌握 FTP 下载文件的方法。
5. 学习 FTP 常用命令的使用。
6. 掌握 DNS 工作过程。

二、实验内容

1. 分析 HTTP 报头结构。
2. 分析 FTP 客户端和服务器的交互过程。
3. 分析 DNS 工作过程。
4. 分析 DNS 协议。

三、实验步骤

1. 应用层协议

每个应用层协议都是为了解决某一类应用问题，而问题的解决又往往是通过位于不同主机中的多个应用进程之间的通信和协同工作来完成的。应用层的具体内容就是规定应用进程在通信时遵循的协议。应用层的许多协议都基于客户端-服务器方式。客户端和服务器是指通信中所涉及的两个应用进程。客户端服务器方式所描述的是进程之间服务和被服务的关系。客户端是服务请求方，服务器是服务提供方。

在万维网中，客户端程序与万维网服务器程序之间进行交互所使用的协议，是超文本传送协议 HTTP(HyperText Transfer Protocol)。HTTP 是一个应用层协议，它使用 TCP 连接进行可靠的传送。从层次的角度看，HTTP 是面向事务的应用层协议，它是万维网上能够可靠地交换文件(包括文本、声音、图像等各种多媒体文件)的重要基础。为了使超链接能够高效率地完成，需要用 HTTP 协议来传送一切必需的信息。HTTP 协议具有以下特点：

- HTTP 是面向事务的客户端-服务器协议。
- HTTP 1.0 协议是无状态的。
- HTTP 协议本身也是无连接的，虽然它使用面向连接的 TCP 向上提供的服务。

用户在使用浏览器访问某个网站时，当在浏览器的地址栏中输入网站域名时，发生以下事件：

(1) 浏览器分析超链接所指向页面的 URL。

(2) 浏览器向 DNS 请求解析所指域名的 IP 地址。

(3) 域名系统 DNS 解析出该服务器的 IP 地址。

(4) 浏览器与服务器建立 TCP 连接。

(5) 浏览器发出取文件命令 GET。

(6) 服务器给出响应，把该网站的首页发给浏览器。

(7) TCP 连接释放。

(8) 浏览器显示该网站首页的所有内容。

HTTP 有两类报文：

- 请求报文——从客户端向服务器发送请求报文。
- 响应报文——从服务器到客户端的回应。

由于 HTTP 是面向正文的，因此报文中的每一个字段都是一些 ASCII 码串，因而每个字段的长度都是不确定的。图 3-31 是 HTTP 客户端和服务器的工作原理图。

FTP 的全称是 File Transfer Protocol(文件传输协议)，是专门用来传输文件的应用协议。FTP 的主要作用是让用户连接到一台远程计算机(这台计算机上运行着 FTP 服务器程序)，以查看远程计算机上有哪些文件，然后把文件从远程计算机下载到本地计算机，或者把本地计算机中的文件上传到 FTP 服务器。

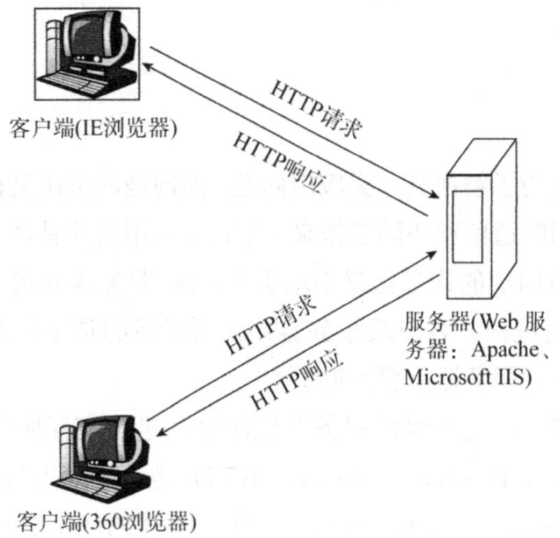

图 3-31　HTTP 协议原理图

早期在互联网上传输文件并不是一件容易的事。由于互联网是非常复杂的计算机环境，有 PC、工作站、MAC、服务器、大型机等，而这些计算机可能运行不同的操作系统，有 UNIX、DOS、Windows、Mac OS 等，为了实现各种操作系统之间的文件交流，需要建立统一的文件传输协议，这就是所谓的 FTP。基于不同的操作系统有不同的 FTP 应用程序，而所有这些应用程序都遵守同一种协议，这样用户就可以把自己的文件传送给别人，或者从其他的用户环境中获得文件。

与大多数网络应用的工作模式一样，FTP 也是客户端/服务器(C/S)系统。用户通过一个支持 FTP 协议的客户端程序，连接到远程主机上的 FTP 服务器程序。用户通过客户端程序向服务器程序发出命令，服务器程序执行用户发出的命令，并将执行的结果返回给客户端。例如，用户发出一条命令，要求服务器向用户传送某个文件，将其存放在用户指定的目录中。FTP 客户端程序有字符界面和图形界面两种。字符界面的 FTP 端程序命令复杂、繁多。图形界面的 FTP 客户端程序，操作上要简洁方便很多。

在 FTP 使用过程中，下载文件就是从远程主机拷贝文件至自己的计算机上，上传文件就是将文件从自己的计算机拷贝至远程主机上。用户可通过 FTP 客户端程序向(从)远程 FTP 服务器上传(下载)文件。

在 FTP 使用过程中，客户端必须首先使用账号登录到远程主机上获得相应的权限，然后方可上传或下载文件。也就是说，要想同一台计算机传送文件，就必须具有这台计算机的适当授权。换言之，除非有用户账号和密码，否则无法传送文件。这种情况违背了互联网的开放性，互联网上的 FTP 服务器很多，不可能要求每个用户在每一台主机上都拥有账号，因此就衍生出了匿名 FTP，用户使用匿名账号登录，不需要输入密码就可以下载文件。

许多应用层软件经常直接使用域名系统 DNS，但计算机用户只是间接而不是直接使用域名系统。互联网采用层次结构的命名树作为主机的名字，并使用分布式的域名系统 DNS。名字到 IP 地址的解析是由若干个域名服务器程序完成的。域名服务器程序在专设的结点上运行，运行该程序的机器称为域名服务器。

互联网采用层次树状结构的命名方法。任何一台连接互联网的主机或路由器，都有唯一的层次结构名字，即域名。域名的结构由标号序列组成，各标号之间用点隔开：

…. 三级域名.二级域名.顶级域名

各标号分别代表不同级别的域名。域名只是一个逻辑概念，并不代表计算机所在的物理地点。

变长的域名和有助记忆的字符串，是为了便于使用；而 IP 地址是定长的 32 位二进制数字，非常便于机器进行处理。域名中的“点”和点分十进制 IP 地址中的“点”并无一一对应的关系。点分十进制 IP 地址中一定包含三个“点”，但每一个域名中“点”的数目则不一定正好是三个。

服务器负责管辖的(或有权限的)范围叫作区(zone)。各单位根据具体情况来划分自己管辖范围的区。但同一个区中的所有结点必须是能够连通的。为每个区设置相应的权限域名服务器，用来保存该区中所有主机的域名到 IP 地址的映射。DNS 服务器的管辖范围不以“域”为单位，而是以“区”为单位。域名服务器有以下四种类型：

- 根域名服务器
- 顶级域名服务器
- 权限域名服务器
- 本地域名服务器

根域名服务器是最高层次的域名服务器，也是最重要的域名服务器。所有的根域名服务器都知道所有的顶级域名服务器的域名和 IP 地址。不管是哪台本地域名服务器，若要对互联网上的任何一个域名进行解析，只要自己无法解析，就首先求助于根域名服务器。在互联网上共有 13 个不同 IP 地址的根域名服务器，它们的名字是用一个英文字母命名，从 a 一直到 m (英文 26 个字母中的前 13 个字母)。根域名服务器并不直接把域名转换成 IP 地址。在使用迭代查询时，根域名服务器把下一步应当查找的顶级域名服务器的 IP 地址告诉本地域名服务器。

顶级域名服务器负责管理在顶级域名服务器上注册的所有二级域名。当收到 DNS 查询请求时，就给出相应的回答(可能是最后的结果，也可能是下一步应当查找的域名服务器的 IP 地址)。

权限域名服务器负责一个区的域名服务器。当一个权限域名服务器还不能给出最后的查询回答时，就会告诉发出查询请求的 DNS 客户，下一步应当找哪一个权限域名服务器。

本地域名服务器对域名系统非常重要。当一台主机发出 DNS 查询请求时，这个查询请求报文就被发送给本地域名服务器。每个互联网服务提供商 ISP 或一所大学，甚至大学里的院系，都可以拥有一台本地域名服务器，这种域名服务器有时也称为默认域名服务器。

DNS 域名服务器都把数据复制到几台域名服务器来保存，其中的一台是主域名服务器，其他的是辅助域名服务器。当主域名服务器出现故障时，辅助域名服务器可以保证 DNS 的查询工作不会中断。主域名服务器定期把数据复制到辅助域名服务器上，而更改数据只能在主域名服务器上进行。这样就保证了数据的一致性。

域名的解析过程如下：主机向本地域名服务器的查询一般都采用递归查询。如果主机询问的本地域名服务器不知道被查询域名的 IP 地址，那么本地域名服务器就以 DNS 客户的身份，向其他根域名服务器继续发出查询请求报文。本地域名服务器向根域名服务器的查询通常采用迭代查询。当根域名服务器收到本地域名服务器的迭代查询请求报文时，要么给出所要查询的 IP 地址，要么告诉本地域名服务器："下一步应当向哪台域名服务器进行查询"。然后让本地域名服务器进行后续的查询。

2. HTTP 协议分析

(1) 清空高速缓存中的网页(如图 3-32 所示)：在 IE 浏览器中，单击"工具"→"Internet 选项"→"常规"标签→"删除文件"按钮。

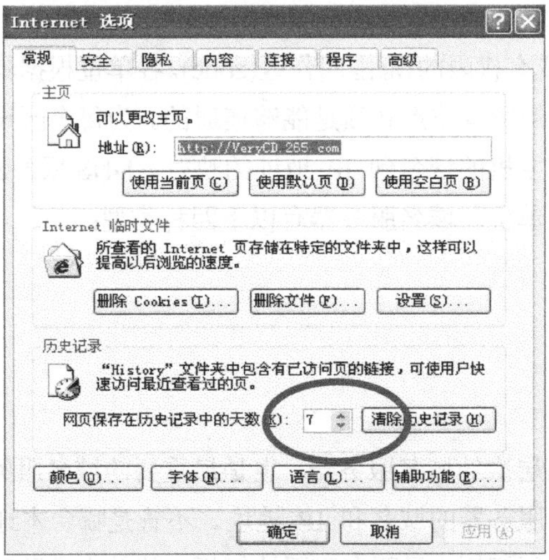

图 3-32　清除 IE 缓存

(2) 清空 DNS 高速缓存(如图 3-33 所示)：选择"开始"→"程序"→"附件"→"命令提示符"；输入命令"ipconfig/flushdns"→按回车键执行命令。

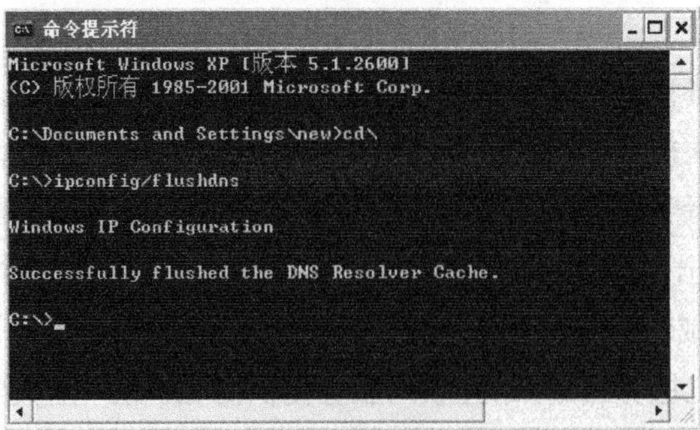

图 3-33　清除 DNS 域名解析缓存

(3) 在学生机上启动 Wireshark 软件进行报文截获，然后在 IE 浏览器的地址栏中输入 www.cdutetc.cn，分析截获的 HTTP 报文、TCP 报文，分析 HTTP 协议请求报文格式。观察该请求消息的发送主机与目的主机的 IP 地址，与自己机器的主机 IP 地址比较，判断该消息是谁发送给谁的。观察该消息使用的 TCP 端口，是否是 HTTP。打开并分析该消息的 HTTP

头部信息。图 3-34 显示了 HTTP 请求报文。

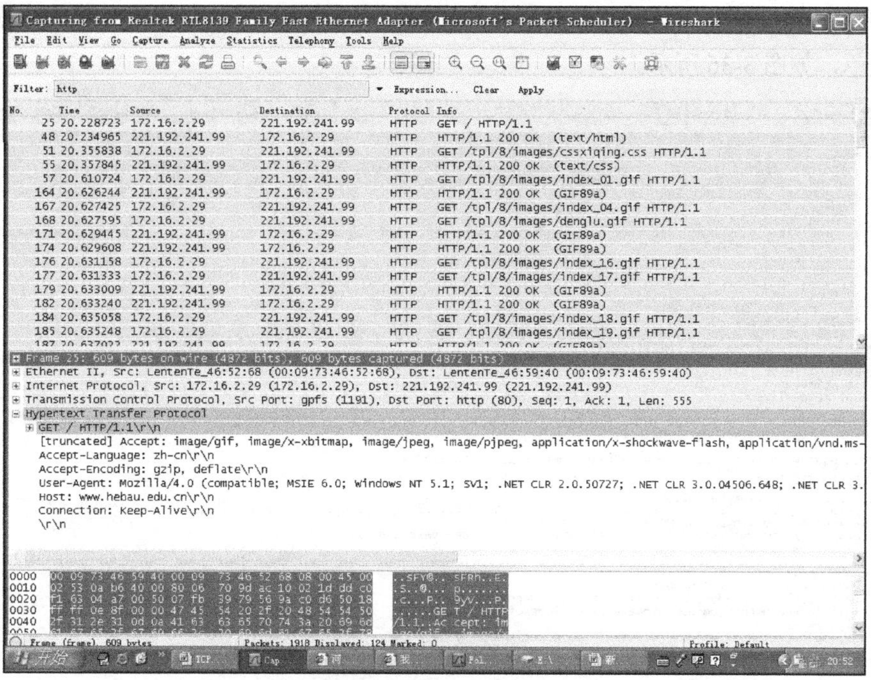

图 3-34　HTTP 请求报文

(4) 分析 HTTP 协议应答报文格式。响应报文：观察该请求消息的发送主机与目的主机的 IP 地址，与自己机器的主机 IP 地址比较，判断该消息是谁发送给谁的。观察该消息使用的 TCP 端口，是否是 HTTP。打开并分析该消息的 HTTP 头部信息。图 3-35 显示了抓取的应答报文。

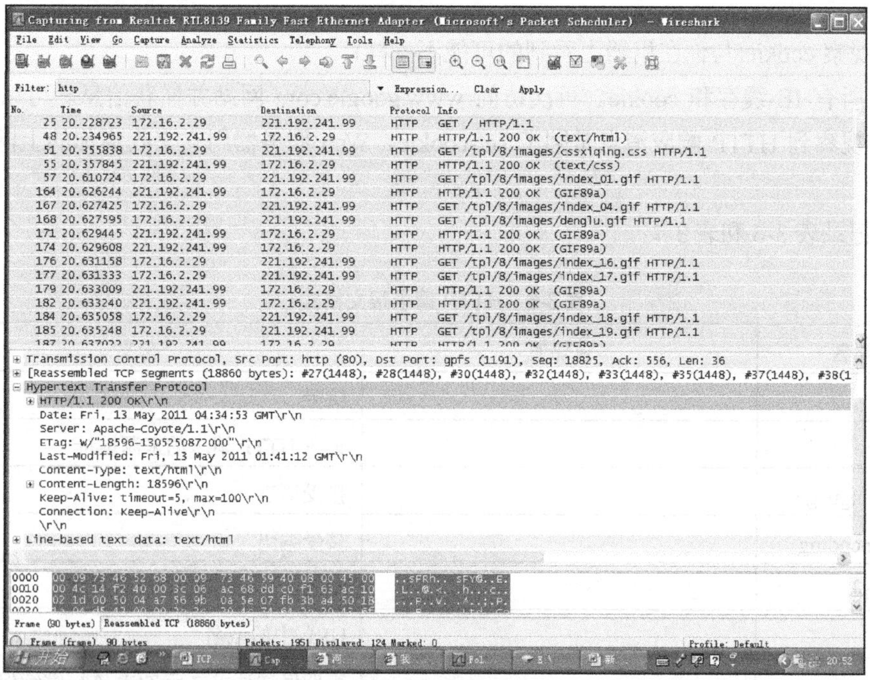

图 3-35　HTTP 应答报文

(5) 从 Analyze 菜单中选择“Follow TCP Stream”，显示整个数据流。

其中，Web 浏览器发送的数据显示为一种颜色，所有由 Web 服务器发送的数据显示为另一种颜色，如图 3-36 所示。

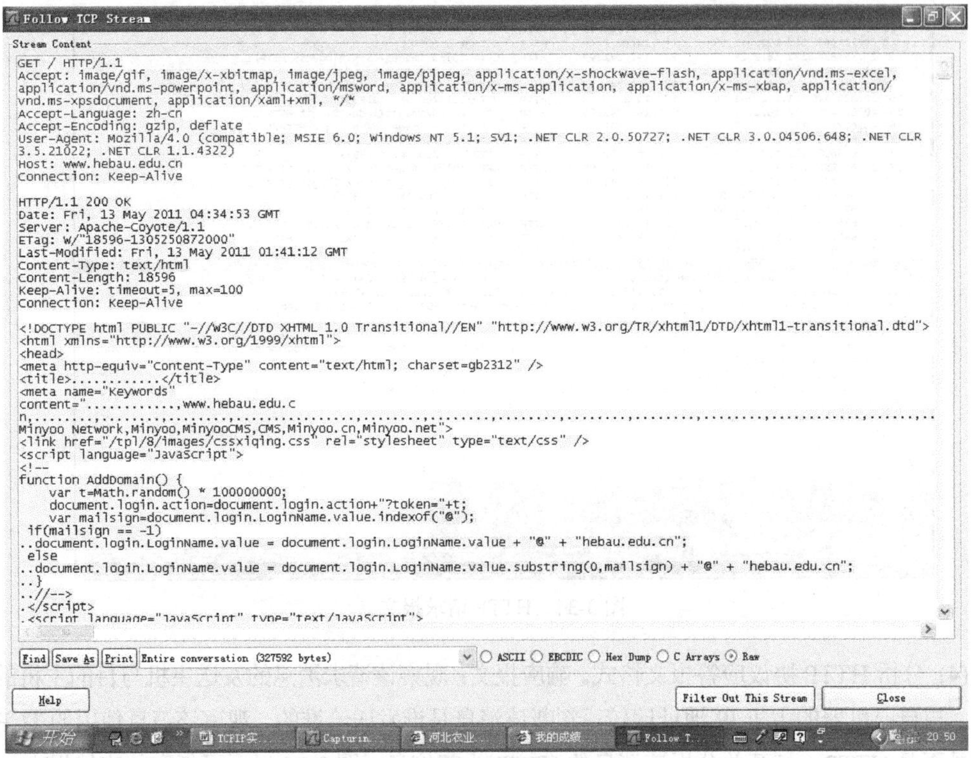

图 3-36　观察 Follow TCP Stream

(6) 观察 cookie(与你在机器上看到的可能不一样)。

清空所有 IE 缓存和 cookie。再次访问 www.google.com 网站并捕获信息。可以在 TCP 数据流中观察到 HTTP 响应消息带回了 set-cookie，Web 服务器用它来收集你的上网浏览习惯信息。

(7) 记录表 3-6 和表 3-7。

表 3-6　HTTP 请求报文格式

首部名	首部值	含义
accept		接受
referer		记录 HTTP 请求的来源地址
Accept-Language		接受语言
Accept-Encoding		接受编码
User-Agent		请求的 Web 浏览器及客户端
host		URL 中的域名
connection		表明发送请求之后 TCP 连接继续保持

表 3-7　HTTP 应答报文格式

首部名	首部值	含义
HTTP/1.1		显示服务器使用的 HTTP 版本
Cache-Control		表明是否可以将返回的数据副本存储或高速缓存
Date		消息返回的时间
Content-Length		数据的长度
Content-Type		返回对象的类型
Last-Modified		返回对象的最后修改日期
Server		Web 服务器

(8) 根据实验回答以下问题：

- 你的浏览器使用的是 HTTP1.0 还是 HTTP1.1？你所访问的 Web 服务器所使用 HTTP 协议的版本号是多少？
- 你的浏览器向服务器指出它能接收何种语言版本的对象？
- 你的计算机的 IP 地址是多少？服务器 www.cdutetc.cn 的 IP 地址是多少？
- 从服务器向你的浏览器返回响应消息的状态代码是多少？
- 你从服务器上获取的 HTML 文件的最后修改时间是多少？
- 返回到浏览器的内容一共多少字节？
- 分析你的浏览器向服务器发出的第一个 HTTP GET 请求的内容，在该请求消息中，是否有一行是 IF-MODIFIED-SINCE？
- 分析服务器响应消息的内容，服务器是否明确返回了文件的内容？如何获知？
- 分析你的浏览器向服务器发出的第二个 HTTP GET 请求，在该请求报文中是否有一行是 IF-MODIFIED-SINCE？如果有，在该首部行后面跟着的信息是什么？
- 服务器对第二个 HTTP GET 请求的响应消息中的 HTTP 状态代码是多少？服务器是否明确返回了文件的内容？请解释。
- 你的浏览器一共发出了多少个 HTTP GET 请求？
- 承载这个 HTTP 响应报文一共需要多少个 TCP 报文段？
- 与这个 HTTP GET 请求相对应的响应报文的状态代码和状态短语是什么？
- 在被传送的数据中一共有多少 HTTP 状态行？
- 你的浏览器一共发出了多少个 HTTP GET 请求消息？这些请求消息被发送到的目的地 IP 地址是多少？
- 浏览器在下载这两幅图片时，是串行下载还是并行下载？请解释。
- 对于浏览器发出的、最初的 HTTP GET 请求消息，服务器的响应消息的状态代码和状态短语分别是什么？

3. FTP 协议分析

(1) 安装 FTP 客户端软件 FlashFXP，并进行如图 3-37 所示的配置，单击“站点”→“站点管理器”→“新建站点”。

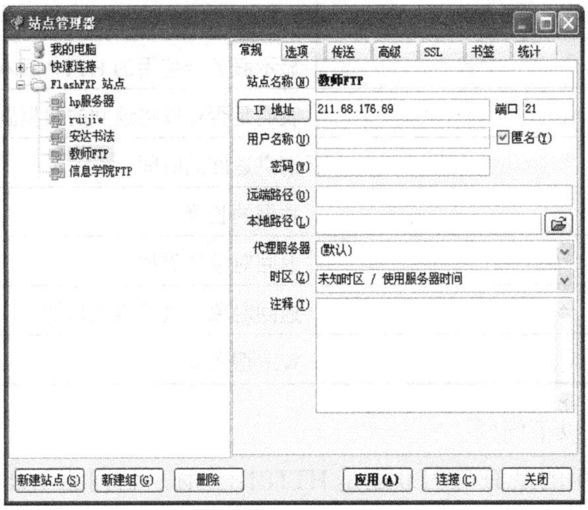

图 3-37　配置 FTP 服务器信息

(2) 确认 FTP 服务器正常工作并允许匿名登录，在图 3-37 中填写 FTP 服务器的 IP 地址。本实验中 FTP 服务器的 IP 地址是 211.68.176.69。

(3) 在实验主机上启动网络协议分析器，设置过滤条件并进行数据捕获。

(4) 登录 FTP 服务器。

(5) 暂停协议分析器的捕获，可以通过捕获的数据报文看到刚才的交互过程中，FTP 客户端和服务器端的详细工作情况，FTP 报文的格式和命令的使用，以及服务器端的响应代码。图 3-38 和图 3-39 是抓取的两个 FTP 报文。

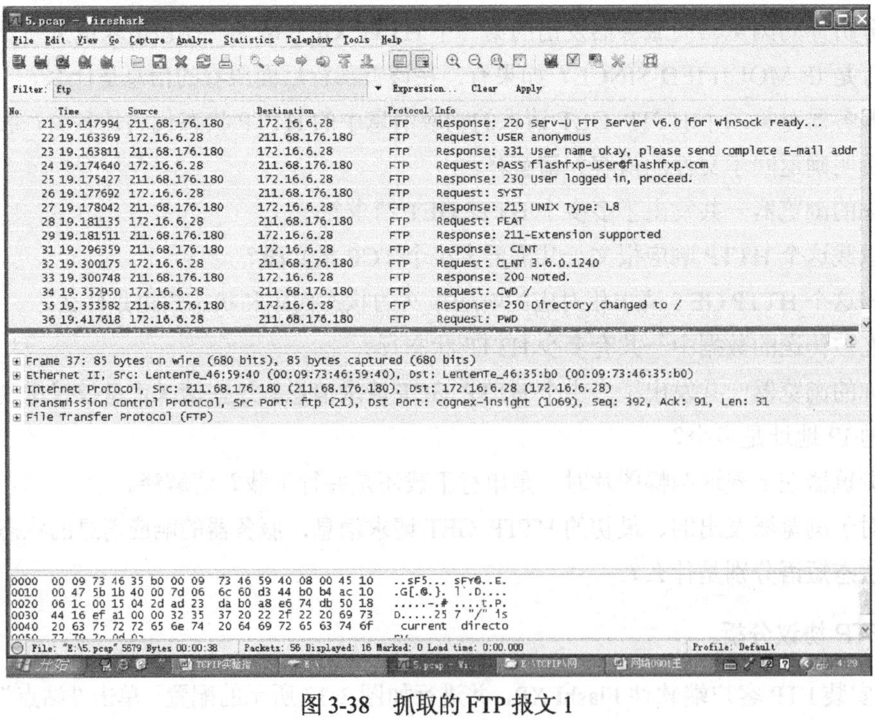

图 3-38　抓取的 FTP 报文 1

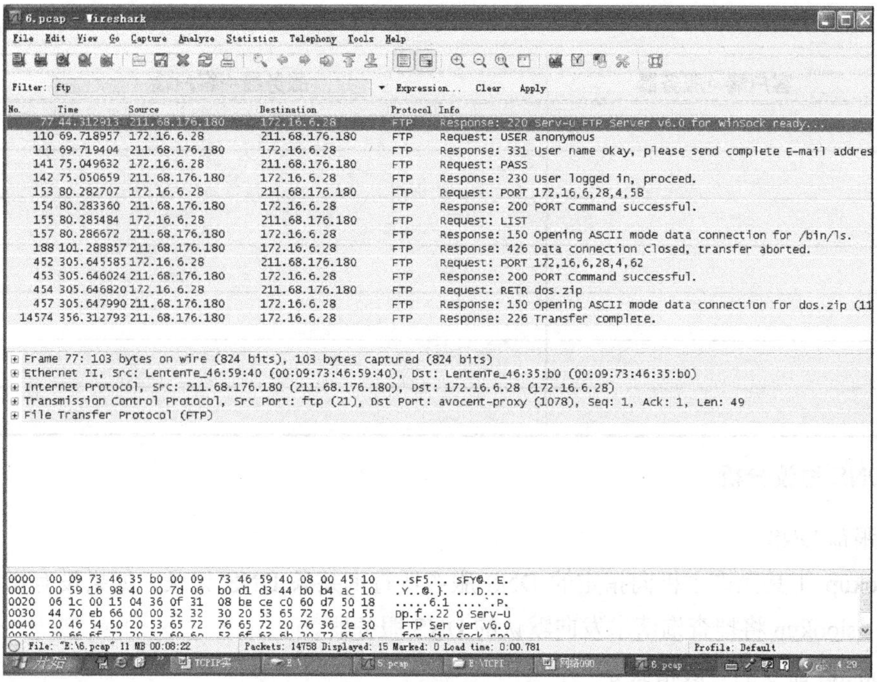

图 3-39　抓取的 FTP 报文 2

(6) 记录这个过程中客户端和服务器端的 TCP 报头和数据信息。

(7) 根据标志字段分析 FTP 的两个端口的连接建立、会话和连接断开的全部过程，分析该过程中的源端口号、目的端口号，填写表 3-8 和表 3-9。

表 3-8　FTP 报文 1 信息

序号	客户端->服务器	服务器->客户端
1		
2		
3		
4		
5		
6		
7		
8		
9		

表 3-9　FTP 报文 2 信息

序号	客户端->服务器	服务器->客户端
1		
2		

(续表)

序号	客户端->服务器	服务器->客户端
3		
4		
5		
6		
7		
8		
9		

4. DNS 协议分析

(1) 跟踪 DNS

nslookup 工具允许主机向指定的 DNS 服务器查询某条 DNS 记录。如果没有指明 DNS 服务器，nslookup 将把查询请求发向默认的 DNS 服务器。

Nslookup 命令的一般格式是：

```
nslookup –option1 –option2 host-to-find dns-server
```

ipconfig 命令用来显示当前的 TCP/IP 信息，包括 IP 地址、DNS 服务器的 IP 地址、适配器的类型等信息。如果要显示与主机相关的信息，可用如下命令：

```
ipconfig/all
```

如果要查看 DNS 缓存中的记录，可用如下命令：

```
ipconfig/displaydns
```

如果要清空 DNS 缓存，可用如下命令：

```
ipconfig /flushdns
```

运行以上命令需要进入 MS-DOS 环境(单击“开始”菜单→“运行”→输入命令 cmd)。

(2) 借助网络分析器 Wireshark 捕获 HTTP、TCP、DNS 报文，分析 DNS 报文的报头结构，理解其具体意义。

(3) 在浏览器的地址栏中输入http://www.ietf.org或 http://mail.hebau.edu.cn。

(4) 启动协议分析器，抓取数据，实验并回答以下问题：

- 定位到 DNS 查询消息和查询响应报文，这两种报文的发送是基于 UDP 还是基于 TCP？
- DNS 查询消息的目的端口号是多少？DNS 查询响应消息的源端口号是多少？
- DNS 查询消息要发送到的目的地的 IP 地址是多少？利用 ipconfig 命令(ipconfig /all)查看主机的本地 DNS 服务器的 IP 地址。这两个 IP 地址相同吗？
- 检查 DNS 查询消息，它是哪一类型的 DNS 查询？该查询报文中包含“answers”吗？

- 检查 DNS 查询响应消息，其中共提供了多少个“answers”？每个 answers 包含哪些内容？
- 考虑一下主机随后发送的 TCP SYN Segment，包含 SYN Segment 的 IP 分组头部中的目的 IP 地址是否与在 DNS 查询响应消息中提供的某个 IP 地址相对应？
- 打开的 Web 页中包含图片，在获取每一张图片之前，你的主机发出新的 DNS 查询了吗？

(5) 在浏览器的地址栏中输入 http://www.baidu.com，抓取数据并回答以下问题：

- 请求报文的问题是什么？问题记录数是几个？
- 应答报文的应答是什么？应答记录数是几个？从应答报文来看www.baidu.com的真实名字是什么？真实名字所对应的 IP 地址分别是什么？同一个名字对应多个 IP 地址的作用是什么？。
- 从应答报文来看，a.shifen.com 区域的授权名称服务器有几台？分别是什么？

四、实验思考

1. 理解 HTTP GET/response 交互

首先通过下载一个非常简单的 HTML 文件(该 HTML 文件非常短，并且不嵌入任何对象)。启动 Web 浏览器，然后启动 Wireshark。在窗口的显示过滤规则的编辑框中输入 http，分组列表子窗口中将只显示捕获到的 HTTP 消息。一分钟以后，开始 Wireshark 分组捕获。在打开的 Web 浏览器窗口中输入以下地址(在浏览器中将显示只有一行文字的、非常简单的一个 HTML 文件)：

```
http://gaia.cs.umass.edu/ethereal-labs/HTTP-ethereal-file1.html
```

停止分组捕获。

根据捕获窗口中的内容，回答以下问题：

- 你的浏览器使用的是 HTTP1.0 还是 HTTP1.1？你所访问的 Web 服务器所使用 HTTP 协议的版本号是多少？
- 你的浏览器向服务器指出它能接收何种语言版本的对象？
- 你的计算机的 IP 地址是多少？服务器 gaia.cs.umass.edu 的 IP 地址是多少？
- 从服务器向你的浏览器返回应答消息的状态代码是多少？
- 你从服务器上获取的 HTML 文件的最后修改时间是多少？
- 返回到浏览器的内容一共多少字节？

2. HTTP 条件 GET/response 交互

启动浏览器，清空浏览器的缓存(在浏览器中，选择“工具”菜单中的“Internet 选项”命令，在出现的对话框中单击“删除文件”按钮)。启动 Ethereal(或 Wireshark)。开始 Ethereal(或 Wireshark)分组捕获。在浏览器的地址栏中输入以下 URL:

http://gaia.cs.umass.edu/ethereal-labs/HTTP-ethereal-file2.html

在浏览器中将显示一个有五行文本的非常简单的 HTML 文件。在你的浏览器中重新输入相同的 URL 或单击浏览器中的“刷新”按钮。停止 Ethereal(或 Wireshark)分组捕获，在显示过滤筛选规则的编辑框中输入 http，分组列表子窗口中将只显示捕获到的 HTTP 消息。根据操作回答下列问题：

- 分析你的浏览器向服务器发出的第一个 HTTP GET 请求的内容，在该请求消息中，是否有一行是 IF-MODIFIED-SINCE？
- 分析服务器响应消息的内容，服务器是否明确返回了文件的内容？如何获知？
- 分析你的浏览器向服务器发出的第二个 HTTP GET 请求，在该请求报文中是否有一行是 IF-MODIFIED-SINCE？如果有，在该首部行后面跟着的信息是什么？
- 服务器对第二个 HTTP GET 请求的响应消息中的 HTTP 状态代码是多少？服务器是否明确返回了文件的内容？请解释。

3. 获取长文件

启动浏览器，将浏览器的缓存清空。启动 Ethereal(或 Wireshark)，开始 Ethereal(或 Wireshark)分组捕获。在浏览器的地址栏中输入以下 URL:

http://gaia.cs.umass.edu/ethereal-labs/HTTP-ethereal-file3.html

浏览器将显示相当长的美国权力法案文本。停止 Ethereal(或 Wireshark)分组捕获，在显示过滤筛选规则的编辑框中输入 http，分组列表子窗口中将只显示捕获到的 HTTP 消息。根据操作回答以下问题：

- 你的浏览器一共发出了多少个 HTTP GET 请求？
- 承载这个 HTTP 响应报文一共需要多少个 TCP 报文段？
- 与这个 HTTP GET 请求相对应的响应报文的状态代码和状态短语是什么？
- 在传送的数据中一共有多少 HTTP 状态行？

4. 嵌有对象的 HTML 文档

启动浏览器，将浏览器的缓存清空。启动 Ethereal(或 Wireshark)，开始 Ethereal(或 Wireshark)分组捕获。在浏览器的地址栏中输入以下 URL:

http://gaia.cs.umass.edu/ethereal-labs/HTTP-ethereal-file4.html

浏览器将显示一个包含两张图片的简短 HTTP 文件。停止 Ethereal(或 Wireshark)分组捕获，在显示过滤筛选规则的编辑框中输入 http，分组列表子窗口中将只显示捕获到的 HTTP 消息。根据操作回答以下问题：

- 你的浏览器一共发出了多少个 HTTP GET 请求消息？这些请求消息被发送到的目的 IP 地址是多少？
- 浏览器在下载这两张图片时，是串行下载还是并行下载？请解释。

5. HTTP 认证

启动浏览器，将浏览器的缓存清空。启动 Wireshark，开始分组捕获。在浏览器的地址栏中输入以下 URL:

```
http://gaia.cs.umass.edu/ethereal-labs/protected_pages/HTTP-ethereal-file5.html
```

浏览器将显示一个 HTTP 文件，输入用户名 eth-students 和密码 network。停止 Wireshark 分组捕获，在显示过滤筛选规则的编辑框中输入 http，分组列表子窗口中将只显示捕获到的 HTTP 消息。根据操作回答以下问题：

- 对于浏览器发出的、最初的 HTTP GET 请求消息，服务器的响应消息的状态代码和状态短语分别是什么？
- 当浏览器发出第二个 HTTP GET 请求消息时，在 HTTP GET 消息中包含了哪些新的首部行？

6. DNS 分析

利用 ipconfig 命令清空主机的 DNS 缓存。启动浏览器，并将浏览器的缓存清空。启动 Wireshark，在显示过滤筛选规则的编辑框中输入：

```
"ip.addr = = your_IP_address"(例如：ip.addr= =10.17.7.23)
```

过滤器将会删除所有目的地址和源地址与指定 IP 地址都不同的分组，开始分组捕获。在浏览器的地址栏中输入http://www.ietf.org，停止分组捕获。根据操作回答以下问题：

- 定位到DNS查询消息和查询响应报文,这两种报文的发送是基于UDP还是基于TCP?
- DNS 查询消息的目的端口号是多少？DNS 查询响应消息的源端口号是多少？
- DNS 查询消息发送的目的 IP 地址是多少？利用 ipconfig 命令(ipconfig/all)查看主机的本地 DNS 服务器的 IP 地址。这两个地址相同吗？
- 检查 DNS 查询消息，它是哪一类型的 DNS 查询？该查询报文中包含“answers”吗？
- 检查 DNS 查询响应消息，其中共提供了多少个“answers”？每个 answers 包含哪些内容？
- 考虑一下主机随后发送的 TCP SYN Segment，包含 SYN Segment 的 IP 分组头部中的目的 IP 地址是否与在 DNS 查询响应消息中提供的某个 IP 地址相对应？
- 打开的 Web 页中包含图片，在获取每一张图片之前，你的主机发出新的 DNS 查询了吗？

开始 Wireshark 分组捕获。在 www.mit.edu 上进行 nslookup 操作(即执行命令 nslookup www.mit.edu)。停止分组捕获。根据操作回答思考练习中的题 26～题 29。

- DNS 查询消息的目的端口号是多少？DNS 查询响应消息的源端口号是多少？
- DNS 查询消息发送的目的 IP 地址是多少？这个 IP 地址是默认本地 DNS 服务器的地址吗？
- 检查 DNS 查询消息，它是哪一类型的 DNS 查询？该查询消息中包含“answers”吗？

- 检查 DNS 查询响应消息，其中提供了多少个“answers”？每个 answers 包含哪些内容？

重复上面的实验，只是将命令替换为 nslookup –type=NS mit.edu。根据操作回答以下问题：

- DNS 查询消息发送的目的 IP 地址是多少？这个 IP 地址是默认本地 DNS 服务器的地址吗？
- 检查 DNS 查询消息，它是哪一类型的 DNS 查询？该查询报文中包含“answers”吗？
- 检查 DNS 查询响应消息，其中响应消息提供了哪些 MIT 名称服务器？响应消息提供了这些 MIT 名称服务器的 IP 地址吗？

重复上面的实验，只是将命令替换为 nslookup www.aiit.or.kr bitsy.mit.edu。根据操作回答以下问题：

- DNS 查询消息发送的目的 IP 地址是多少？这个 IP 地址是默认本地 DNS 服务器的地址吗？如果不是，这个 IP 地址相当于什么？
- 检查 DNS 查询消息，它是哪一类型的 DNS 查询？该查询报文中包含“answers”吗？
- 检查 DNS 查询响应消息，其中提供了多少个“answers”？每个 answers 包含哪些内容？

第4章　网络编程实验

实验16　基于TCP的套接字编程

一、实验目的

1. 了解套接字编程的基本步骤。
2. 掌握常用的套接字API。
3. 掌握编写基于TCP的服务器的基本思路。
4. 掌握编写基于TCP的客户端的基本流程。
5. 理解套接字编程的相关概念和数据结构。
6. 理解Windows 套接字编程的函数调用。

二、实验内容

1. 套接字编程。
2. Windows套接字编程。
3. 编写TCP服务器程序。
4. 编写TCP客户端程序。

三、实验步骤

1. 理解网络编程基本概念

要学习网络编程，需要对网络体系结构进行回顾。计算机网络中的数据交换必须遵守事先约定好的规则。这些规则明确规定了所交换数据的格式以及有关的同步问题(同步含有时序的意思)。网络协议是为进行网络中的数据交换而建立的规则、标准或约定。网络协议的三要素是：

- 语法　数据与控制信息的结构或格式。
- 语义　需要发出何种控制信息、完成何种动作以及做出何种响应。
- 同步　对事件实现顺序的详细说明。

大部分网络设计都是采用分层的思想进行的，使用分层思想进行网络设计具有以下优点：

- 具有较好的灵活性，因为各层之间是独立的。
- 由于各层独立，因此在结构上可分割开。

- 采用分层思想，协议容易实现和维护。
- 能够促进标准化工作。

网络体系结构是计算机网络的各层及其协议的集合，常见的两个网络体系结构是国际标准化组织提出的开放系统互连参考模型(OSI/RM)以及 TCP/IP 网络体系结构。前者由于太过复杂以及存在一些其他问题，在业界没有得到推广。而 TCP/IP 网络体系结构由于先有协议，后有体系结构，得到了大部分网络产商的推广和支持，成为事实上的标准。

图 4-1 是 OSI/RM 各层示意图，OSI-RM 参考模型将网络的不同功能划分为 7 层，通信实体的对等层之间不允许直接通信，各层之间严格单向依赖，上层使用下层提供的服务，下层向上层提供服务。在 OSI 参考模型中，对等层协议之间交换的信息单元统称为协议数据单元。OSI 参考模型中的每一层都要依靠下一层提供的服务。为了提供服务，下层把上层的 PDU 作为本层的数据封装，然后加入本层的头部(和尾部)。头部中含有完成数据传输所需的控制信息。这样，数据自上而下递交的过程实际上就是不断封装的过程。到达目的地后，自下而上递交的过程就是不断拆封的过程。由此可知，在物理线路上传输的数据，实际上被包封了多层“信封”。但是，某一层只能识别由对等层封装的“信封”，而对于被封装在“信封”内部的数据仅仅是拆封后将数据提交给上层，本层不作任何处理。

图 4-1　OSI/RM 参考模型

在理解网络体系结构时，需要对对等实体通信理解透彻。第 N 层的对等层实体之间通信使用第 N 层的协议。它们之间的通信是虚拟通信，下层向上层提供服务，实际通信在最底层完成。图 4-2 展示了对等实体通信的例子。

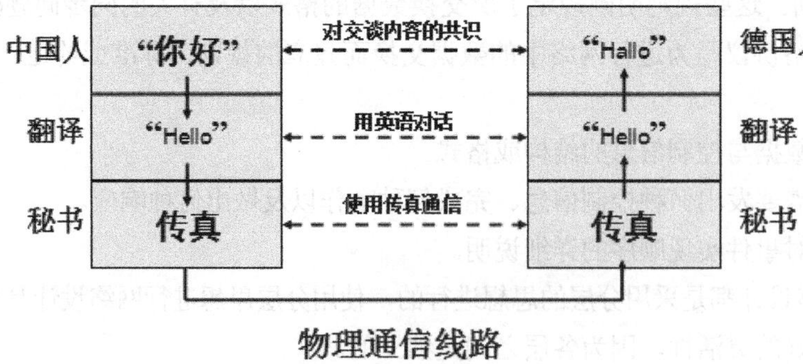

图 4-2　对等实体通信示例

而 TCP/IP 网络体系结构已成为 Internet 上通信的工业标准。TCP/IP 体系结构包括 4 个层次：

- 应用层
- 传输层
- 网络层
- 网络接口层

图 4-3 显示了 TCP/IP 协议簇包含的主要协议。

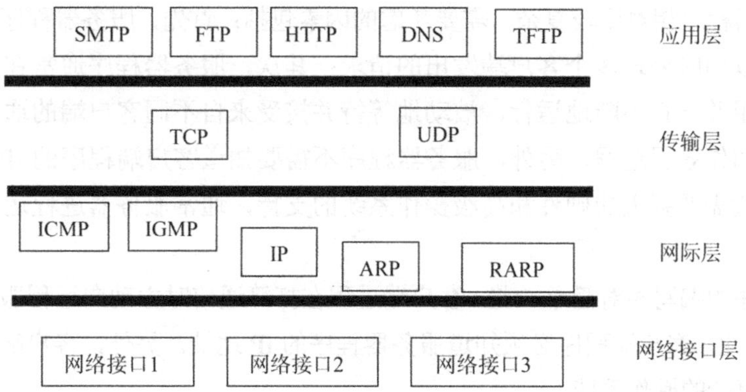

图 4-3　TCP/IP 协议簇

在理解网络体系结构以后，还需要搞清楚进程的概念。通常我们在说计算机之间通信时，主机 A 和主机 B 进行通信，实际上是指运行在主机 A 上的某个程序和运行在主机 B 上的另一个程序进行通信，或者说主机 A 的某个进程和主机 B 上的另一个进程进行通信。

在操作系统课程中，我们知道进程是程序在计算机上的一次执行。运行一个程序，就启动了一个进程。例如，下载 QQ 软件并安装在计算机上之后，如果不运行，就是 QQ 程序。当想和朋友 QQ 聊天时，要双击 QQ 图标，系统会为 QQ 程序分配系统资源，这时，运行着的 QQ 就是进程。进程和程序是有区别的。进程是操作系统进行资源分配的单位，进程是活的(动态的)，要占用系统资源，而程序是静态的。进程可以分为用户进程和系统进程。用户进程就是所有由计算机用户启动的进程，而系统进程是操作系统用来完成各种功能的进程。在 UNIX 操作系统中，系统进程运行在内核态，而用户进程运行在用户态。进程是程序的运行实例，是应用程序的一次动态执行。例如，我们可以同时打开多个浏览器，这时就有多个浏览器进程，我们可以简单地理解为：进程是操作系统当前运行的程序。在系统当前运行的执行程序中包括：系统管理计算机个体和完成各种操作所必需的程序；用户开启、执行的额外程序，当然也包括用户不知道而自动运行的非法程序(它们就有可能是病毒程序)。

进程由进程控制块(Process Control Black，PCB)、程序段、数据段三部分组成。一个进程还可以包含若干线程，线程可以帮助应用程序同时做几件事(比如一个线程向磁盘写入文件，另一个线程则接收用户的按键操作并及时做出反应，互相不干扰)。在程序运行后，系统首先要做的就是为进程建立默认线程，然后程序可以根据需要自行添加或删除相关的线程。进程是可并发执行的程序。进程可以处于运行、阻塞、就绪三种状态，并根据一定条件而相互转换：

就绪⟷运行，运行⟷阻塞，阻塞⟷就绪。

网络中计算机之间进程的通信方式通常可以划分为两大类：

- 客户端 1 服务器模式(Client/Server 模式)，简称 C/S 模式
- 对等模式(Peer-to-Peer 模式)，又称 P2P 模式

在客户端 1 服务器通信方式中，客户端(client)和服务器(server)是指通信中所涉及的两个应用进程。客户端 1/服务器模式描述的是进程之间服务和被服务的关系。客户端是服务的请求方，服务器是服务的提供方。

编写服务器程序相对比较复杂，需要考虑的因素包括：首先，服务器程序是提供某种服务的程序，可以同时处理多个客户端发出的请求；其次，服务器程序通常在操作系统启动后立即自动调用并一直不断地运行，被动地等待并接受来自不同客户端的通信请求，服务器进程通常又叫作守卫进程，另外，服务器程序不需要知道客户端程序的 IP 地址；最后，服务器进程一般需要强大的硬件和高级操作系统的支持，通常服务器进程运行在服务器操作系统中。

客户端程序的编写相对简单一些，客户端进程在打算通信时主动向远程服务器发起通信(请求服务)。因此，客户端程序必须知道服务器程序的 IP 地址。另外，客户端程序不需要特殊的硬件和很复杂的操作系统。

对等模式是近年来比较流行的网络应用模式，对等模式中的两台主机在通信时并不区分主机是服务请求方还是服务提供方。只要两台主机都运行了对等连接软件(P2P 软件)，它们就可以进行对等连接通信。对等模式体现了“人人为我，我为人人”的理念。例如，现在使用的许多网络下载软件采用的都是 P2P 模式，在这种模式下，没有绝对的服务器和客户端的界限，任何通信参与者既是客户端，同时又是服务器。主机 A 从网络中下载文件时，它是客户端，同时，网络中其他主机的进程又可以从主机 A 下载文件，这时主机 A 充当服务器的角色。在这类应用中，参与者都可以下载网络中已经存储在硬盘中的共享文档。

在网络编程中最常用的模式是客户端/服务器模式。在此模式下，客户端程序向服务器程序发送服务请求，服务器程序通常在一个固定的端口监听客户端发送的服务请求，直到有客户端对服务器的这个端口发出连接请求。此时，服务器进程对客户端请求做出适当反应，并为客户端提供服务。图 4-4 是客户端/服务器模式在 TCP/IP 网络体系结构中的示意图。

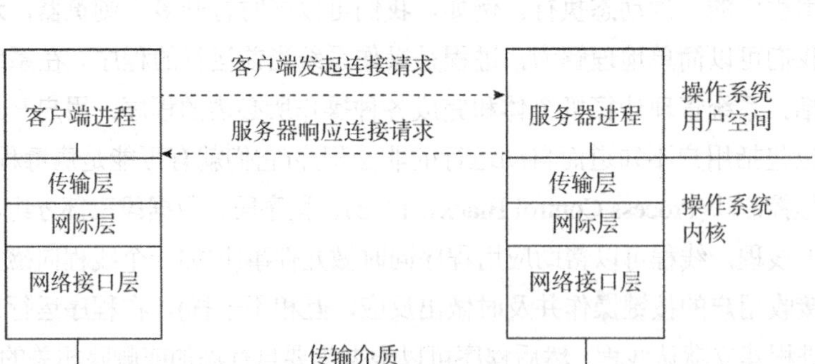

图 4-4　客户端/服务器通信模式

2. 理解套接字(Socket)

在 20 世纪 70 年代中期，美国国防部高级研究计划署给加利福尼亚大学 Berkeley 分校提供资金，资助研究人员在 UNIX 操作系统下实现 TCP/IP 协议。TCP/IP 协议的实现很快被集成到多种版本的 UNIX 操作系统中，为了方便开发人员使用 TCP/IP 协议进行通信应用程序开发，研究人员为 TCP/IP 网络开发了应用编程接口(Application Program Interface，API)，操作系统提供了一系列 API，这些 API 称为 Socket(套接字)。

Socket 作为 BSD UNIX 的标准进程通信机制，原本是插座的意思。在日常生活中我们常见的插座有电源插座、信号插座等。我们要用电，只需要将插头插入插座中就可以使用。同样，我们要使用 TCP/IP 协议进行通信，只需要使用套接字提供的接口就行了。

目前，Socket 接口是 TCP/IP 体系结构网络中最常用的 API，编程人员可以通过调用各种 API 进行网络应用开发，Socket 也是目前在互联网上进行网络应用开发时使用最广泛的 API。现在，Socket 接口已经成为 TCP/IP 网络最为通用的 API，已经成为事实上的标准。

随着 Windows 操作系统的普及，Microsoft 公司联合其他计算机软硬件厂商在 20 世纪 90 年代共同开发了一套 Windows 下的网络编程接口，即 Windows Sockets 规范。它是对 Berkeley Sockets 的重要扩充，主要增加了一些异步函数，并增加了符合 Windows 消息驱动特性的网络事件异步选择机制。

Microsoft 公司以 Berkeley Sockets 规范为范例，定义了 Windows Sockets 规范，简称 WinSock 规范。Windows Sockets 规范是一套开放的、支持多种协议的 Windows 下的网络编程接口。从 1991 年到 1995 年，从 1.0 版发展到 2.0.8 版，已成为 Windows 网络编程的事实标准，这是 Windows 操作系统环境下的套接字网络应用程序编程接口。

对于 Windows Sockets 1.1 版本，在 Winsock.h 包含文件中定义了所有 WinSock 1.1 版本库函数的语法、相关的符号常量和数据结构。库函数的实现在 WINSOCK.DLL 动态链接库文件中。WinSock 1.1 全面继承了 Berkeley Sockets 规范，定义了数据库查询例程，其中 6 个采用 getXbyY( )的形式，它们中的大多数要借助网络上的数据库来获得信息，扩充了 Berkeley Sockets 规范。针对微软 Windows 的特点，WinSock 1.1 定义了一批新的库函数，提供了对消息驱动机制的支持，能有效地利用 Windows 的多任务、多线程机制。WinSock 1.1 只支持 TCP/IP 协议栈。

WinSock 2.0 在源码和二进制代码方面与 WinSock 1.1 兼容，WinSock 2.0 增强了许多功能：

- 支持多种协议
- 引入了重叠 I/O 的概念
- 使用事件对象异步通知
- 服务质量(Quality of Service，QoS)
- 套接字组
- 扩展的字节顺序转换例程
- 分散/聚集方式 I/O

- 新增了许多函数

Windows Sockets 规范定义了一个在 TCP/IP 网络上可作为标准使用的 API，由于它支持多种协议体制下的网络通信，支持多种编程语言，而且在许多操作系统中具有广泛的适用性，因此能为网络开发人员提供方便。Windows Sockets 规范是一套开放的、支持多种协议的 Windows 下的网络编程接口。目前，实际应用中的 Windows Sockets 规范主要有 1.1 版和 2.0 版。两者的最重要区别是：1.1 版只支持 TCP/IP 协议，而 2.0 版可以支持多种协议，2.0 版有良好的向后兼容性。目前，Windows 下的网络应用软件都是基于 Windows Sockets 规范开发的。Windows Sockets 规范的套接字模型现在已是 TCP/IP 网络标准。作为开放的、支持多种协议的网络编程接口，套接口在 Windows 下得到广泛的应用，已成为 Windows 网络编程事实上的标准。使用这种规范，用户可以方便地实现异构网络操作系统之间的通信。

Windows Sockets 提供了许多标准的 Berkeley Sockets 之外的扩展函数。使用这些扩展函数的应用程序能更好地处理基于消息的异步发送的网络事件，主要有以下几个方面的扩展：

- 异步选择机制
- 异步请求函数
- 阻塞处理方法
- 出错处理
- 启动与终止

阻塞是在把应用程序从 Berkeley Sockets 环境中移植到 Windows 环境中的主要焦点之一。阻塞是指唤醒一个函数，该函数直到相关操作完成时才返回。在 Berkeley Sockets 模型中，一个 Socket 操作的默认行为处于阻塞方式，除非程序员显式地请求该操作为非阻塞方式。而在 Windows 环境下，强烈推荐程序员在尽可能的情况下使用非阻塞方式(异步方式)的操作。因为非阻塞方式的操作能够更好地在非占先的 Windows 环境下工作。

前面已经对套接字进行了直观描述。本质上看，套接字提供了进程之间通信的端点。进程在通信前，通信双方都需要创建一个端点，否则无法进行通信。和打电话之前，通信双方必须拥有一台电话机且电话号码正确。Socket 采用以下半相关来表示：

{协议，IP 地址，端口号}

由于通信双方涉及本地进程和远程进程，因此完整的 Socket 表示如下：

{协议，本地 IP 地址，本地端口，远程 IP 地址，远程端口}

每个 Socket 都有一个由操作系统分配的本地唯一 Socket，而且 Socket 针对客户端和服务器程序提供不同的 Socket 系统调用，是面向客户端/服务器模型而设计的。通常服务器进程具有全局的 Socket，任何客户端都可以向它发出连接请求和信息请求(相当于被呼叫的电话拥有呼叫方知道的电话号码)。服务器 Socket 为全局所公认非常重要。两个完全随机的用户进程之间，因为没有任何一方的 Socket 是固定的，就像打电话却不知道别人的电话号码，要通话是不可能的。例如，我国的报警电话是 110，任何人都可以拨打 110 这个号码进行报警。而客户端进程在通信时，则是随机申请一个 Socket(类似于想打电话的人可以在任何一台入网的电话上拨叫和呼叫)。套接字利用客户端/服务器模式巧妙解决了进程之间建立通信连接的问题。

有三种类型的套接字：流式套接字(SOCK_STREAM)、数据报套接字(SOCK_DGRAM)和原始套接字(SOCK_RAW)。

流式套接字可以提供可靠的、面向连接的通信服务流。如果应用程序通过流式套接字发送数据，那么应用程序不用担心数据在网络上丢失或乱序。发出去的字节流将完全正确地按序到达对方。流式套接字可以做什么呢？常见的网络应用(如 FTP、HTTP 和 Telnet)都采用流式套接字。

数据报套接字为网络应用提供一种无连接的不可靠服务，数据通过相互独立的报文进行传输，是无序的，并且不保证可靠、无差错。如果采用数据报套接字，这里有一些事实需要留意：如果发送了一个数据报，它可能不会到达；它可能会以不同的顺序到达；如果它到达了，里面包含的数据可能存在错误。数据报套接字是无连接的，它不像流式套接字那样维护一个打开的连接，只需要把数据打成一个包，把远程 IP 贴上去，然后把这个包发送出去。这个过程是不需要建立连接的。那么，数据包既然会丢失，怎样保证程序能够正常工作呢？事实上，每个使用 UDP 的程序都要有自己的对数据进行确认的机制。比如，TFTP 协议定义了对于每一个发送出去的数据包，对方在收到之后都要发送一个数据包告诉本地程序：“我已经收到！”。如果数据包发送者在 5 秒内没有得到回应，就会重新发送这个数据包，直到数据包接受者回送确认信号。上述知识对于编写使用 UDP 协议的程序员来说非常必要。无连接的服务器一般都是面向事务处理的，一个请求、一个应答就完成了客户端程序与服务器程序之间的相互通信。面向连接的服务器处理的请求往往比较复杂，不是一来一去的请求应答所能解决的，而且往往是并发服务器。使用面向连接的套接字编程时，工作过程如下：服务器首先启动，通过调用 socket( )建立一个套接字，然后调用 bind( )，将该套接字和本地网络地址联系在一起，再调用 listen( )使套接字做好侦听准备，并规定它的请求队列的长度，之后就调用 accept( )来接收连接。客户端在建立套接字后，就可调用 connect( )来和服务器建立连接。连接一旦建立，客户端和服务器之间就可以通过调用 read( )和 write( )来发送和接收数据。最后，数据传送结束后，双方调用 close( )以关闭套接字。

应用层创建原始套接字，可以直接使用网络层的协议，如 IP 或 ICMP，主要用于新的网络协议实现的测试等。原始套接字主要用于一些协议的开发，可以进行比较底层的操作。它功能强大，但是没有上面介绍的两种套接字使用起来方便，一般的程序也涉及不到原始套接字。

在 UNIX 操作系统中，任何设备都是文件。也就是说，对 I/O 的任何操作都是通过读或写文件描述符来实现的。文件描述符只是简单的整型数值，代表被打开的文件(这里的文件是广义的文件，并不只代表不同的磁盘文件，还可以代表网络上的连接、先进先出队列、终端显示屏以及其他的一切)。所以，如果想通过 Internet 和另一个程序通信，那么需要通过文件描述符来实现。

Socket 本质上就是文件描述符，我们可以调用系统函数 socket( )，返回一个套接字描述符，然后可以对这个套接字描述符进行一些读写操作——使用系统函数 send( )和 recv( )。

WinSock 规范与 Berkeley Sockets 有一定的区别：套接字数据类型和该类型的错误返回值。在 UNIX 中，包括套接口句柄在内的所有句柄，都是非负的短整数。在 WinSock 规范中定义了一个新的数据类型，称作 SOCKET，用来代表套接字描述符。例如：

```
typedef u_int SOCKET;
```

SOCKET 可以取从 0 到 INVALID_SOCKET-1 之间的任意值。

select( )函数和 FD_*宏：在 WinSock 中，使用 select( )函数时，应用程序应坚持用 FD_XXX 宏来设置、初始化、清除和检查 fd_set 结构。错误代码的获得方面，在 UNIX 套接字规范中，如果函数执行时发生了错误，会把错误代码放到 errno 或 h_errno 变量中。在 WinSock 中，错误代码可以使用 WSAGetLastError( )调用得到。所有应用程序与 Windows Sockets 使用的指针都必须是 FAR 指针。重命名的函数将 close( )变为 closesocket( )，将 ioctl( )变为 ioctlsocket( )。

WinSock 支持的最大套接字数目在 WINSOCK.H 中默认值是 64，在编译时由常量 FD_SETSIZE 决定。头文件方面，Berkeley 头文件被包含在 WINSOCK.H 中。一个 Windows Sockets 应用程序只需要简单地包含 WINSOCK.H 就足够了。最后，WinSock 规范对消息驱动机制的支持，体现在异步选择机制、异步请求函数、阻塞处理方法、错误处理、启动和终止等方面。

3. 套接字库函数和数据结构

(1) WinSock 的注册

初始化函数 WSAStartup( )：WinSock 应用程序要做的第一件事，就是必须首先调用 WSAStartup( )函数，对 WinSock 进行初始化。初始化也称为注册。注册成功后，才能调用其他的 WinSock API 函数。

WSAStartup( )函数的调用格式：

```
int WSAStartup(WORD wVersionRequested, LPWSADATA lpWSAData );
```

WSAData 结构的定义：

```
#define WSADESCRIPTION_LEN          256
#define WSASYS_STATUS_LEN           128
typedef struct WSAData {
    WORD                wVersion;
    WORD                wHighVersion;
    char                szDescription[WSADESCRIPTION_LEN+1];
    char                szSystemStatus[WSASYS_STATUS_LEN+1];
    unsigned short      iMaxSockets;
    unsigned short      iMaxUdpDg;
    char *              lpVendorInfo;
} WSADATA;
```

初始化函数可能返回的错误代码：

- WSASYSNOTREADY：网络通信依赖的网络子系统没有准备好。
- WSAVERNOTSUPPORTED：找不到所需的 WinSock API 相应的动态链接库。
- WSAEINVAL：DLL 不支持应用程序所需的 WinSock 版本。
- WSAEINPROGRESS：正在执行一项阻塞的 WinSock 1.1 操作。
- WSAEPROCLIM：已经达到 WinSock 支持的任务数量上限。
- WSAEFAULT：参数 lpWSAData 不是合法指针。

初始化 WinSock 的示例代码如下：

```
#include <winsock.h>                          // 对于 WinSock 2.0，应包括 winsock2.h 文件。
aa() {
    WORD wVersionRequested;                   // 应用程序所需的 winSock 版本号。
    WSADATA wsaData;                          // 用来返回 WinSock 实现的细节信息。
    Int err; // 出错代码。
    wVersionRequested =MAKEWORD(1,1);                   // 生成版本号 1.1。
    err = WSAStartup(wVersionRequested, &wsaData );  // 调用初始化函数。
    if (err!=0 ) { return;}                   // 通知用户找不到合适的 DLL 文件。
    // 确认返回的版本是客户端要求的 1.1 版本。
    if ( LOBYTE(wsaData.wVersion )!=1 || HYBYTE(wsaData.wVersion )!=1) {
    WSACleanup(); return;
    }
        /* 至此，可以确认初始化成功，WINSOCK.DLL 可用。
}
```

(2) WinSock 的注销

程序用完 WINSOCK.DLL 提供的服务后，应用程序必须调用 WSACleanup( )函数，以解除与 WINSOCK.DLL 库的绑定，释放 WinSock 分配给应用程序的系统资源，终止对 Windows Sockets DLL 的使用：

```
int WSACleanup(void );
```

WinSock 的错误处理函数包括 WSAGetLastError( )函数和 WSASetLastError( )函数。

```
int WSAGetLastError(void);
```

本函数返回本线程进行的上一次 WinSock 函数调用时的错误代码。

```
void WSASetLastError(int iError);
```

本函数允许应用程序为当前线程设置错误代码，并可由后来的 WSAGetLastError( )调用返回。

(3) 创建套接字函数 socket( )

socket( )函数的功能是创建套接字。应用程序在使用套接字前，必须创建一个套接字，应用程序调用 socket( )函数来创建套接字。该函数的原型如下：

```
SOCKET socket(int af, int type, int protocol);
```

第一个参数 af 表示协议簇，可选值如下：

- AF_INET：IPv4 协议
- AF_INET6：IPv6 协议
- AF_LOCAL：UNIX 域协议
- AF_ROUTE：路由套接字
- AF_KEY：秘钥套接字

第二个参数 type 表示创建的套接字类型，可选值如下：

- SOCK_STREAM：字节流套接字
- SOCK_DGRAM：数据报套接字
- SOCK_RAW：原始套接字

第三个参数 protocol 一般取值为 0。

如果调用成功，Socket( )函数返回为一个非负的套接字描述符，调用出错则返回-1。

例如：

```
SOCKET sockfd=socket(AF_INET, SOCK_STREAM, 0);      //创建一个字节流套接字。
SOCKET sockfd=socket(AF_INET, SOCK_DGRAM, 0);       //创建一个数据报套接字。
```

(4) bind( )函数：将套接字绑定到指定的网络地址

在定义一个套接字后，需要为其指定本机地址、协议和端口号。bind( )函数用于将套接字绑定到一个已知的地址。该函数的原型如下：

```
int bind(SOCKET s, const struct sockaddr * name, int namelen);
```

函数的第一个参数 s 表示创建的套接字描述符；第二个参数 name 是本地地址，是指向地址的指针；第三个参数 namelen 表示地址长度。有三种相关的 WinSock 地址结构，许多函数都需要套接字的地址信息，同 UNIX 套接字一样，WinSock 也定义了三种关于地址的结构，经常使用。bind( )函数调用成功，返回值为 0；调用失败时返回-1。

① 通用的 WinSock 地址结构，针对各种通信域的套接字，存储它们的地址信息。

```
struct sockaddr
{
    unsigned short sa_family;     //地址族*/
    char sa_data[14];             //14 字节的协议地址，包含该 Socket 的 IP 地址和端口号。
};
```

② 专门针对 Internet 通信域的 WinSock 地址结构。

```
struct sockaddr_in
{
    short int sa_family;          /*地址族*/
    unsigned short int sin_port;  /*端口号*/
```

```
    struct in_addr sin_addr;          /*IP 地址*/
    unsigned char sin_zero[8];        /*填充 0 以保持与 struct sockaddr 同样大小*/
};
```

③ 专用于存储 IP 地址的结构。

```
struct in_addr
{
    union
    {
        struct
        {
            unsigned char s_b1, s_b2,s_b3,s_b4;
     } s_un_b;                           //用 4 个 u_char 字符描述 IP 地址。
        struct
        {
            unsigned short s_w1,s_w2;
        } s_un_w;                        //用 2 个 u_short 类型描述 IP 地址。
        unsigned long s_addr;            //用 1 个 u_long 类型描述 IP 地址。
    } s_un;
};
```

在使用 Internet 域的套接字时，这三个数据结构的一般用法是：

首先，定义 sockaddr_in 结构的一个实例变量，并将它清零。

其次，为这个结构的各个成员变量赋值。

最后，在调用 bind( )绑定函数时，将指向这个结构的指针强制转换为 sockaddr*类型。

通常，用户在网络编程中使用一个 u_long 类型的字符进行 IP 地址描述即可。例如，使用 IP 地址结构 in_addr 进行 IP 地址描述“192.168.1.2”。代码如下：

```
sockaddr_in addr;
addr.sin_addr.s_un.s_addr=inet_addr("192.168.1.2");
```

上述代码首先定义 sockaddr_in 结构体对象 addr，然后为 IP 地址结构 in_addr 中的成员 s_addr 赋值。因为结构成员 s_addr 描述的 IP 地址均为网络字节顺序，所以程序调用 inet_addr( ) 函数，将字符串 IP 转换为以网络字节顺序排列的 IP 地址。

例如：

```
SOCKET serSock;                              // 定义一个 SOCKET 类型的变量。
sockaddr_in my_addr;                         // 定义一个 sockaddr_in 类型的结构实例变量。
int err;                                     // 出错码。
int slen=sizeof(sockaddr);                   // sockaddr 结构的长度。
serSock = SOCKET(AF_INET, SOCK_DGRAM,0);     // 创建数据报套接字。
memset(my_addr，0);                          // 将 sockaddr_in 类型的结构实例变量清零。
my_addr.sin_family = AF_INET;                // 指定通信域是 Internet。
my_addr.sin_port = htons(21);                // 指定端口，将端口号转换为网络字节顺序。
```

```
//指定 IP 地址，将 IP 地址转换为网络字节顺序。
my_addr.sin_addr.s_addr = htonl(INADDR-ANY);
//将套接字绑定到指定的网络地址，对&my_addr 进行强制类型转换。
if(bind(serSock, (LPSOCKADDR )&my_addr, slen) == SOCKET_ERROR )
{
    //调用 WSAGetLastError()函数，获取最近一个操作的错误代码。
    err = WSAGetLastError();
    // 以下可以报错，进行错误处理。
}
```

(5) 用函数 listen( )启动服务器监听客户端的连接请求。

```
int  listen(SOCKET s, int backlog);
```

参数说明如下：

s：用于标识一个已捆绑未连接套接字的描述字。

backlog：内核监听队列的最大长度。达到最大长度后，服务器将不受理新的客户端连接。如果无错误发生，listen( )返回 0，否则返回-1。服务器调用 socket( )函数，创建一个套接字的描述字后，为了接受客户端发起的连接请求，listen( )函数为服务器创建套接字并为申请进入的连接建立后备日志，然后便可使用 accept( )函数接受连接了。listen( )函数适用于支持连接的套接字，如 SOCK_STREAM 类型的套接字。套接字 s 处于一种“变动”模式，申请进入的连接请求被确认，并排队等待被接受。这个函数特别适用于同时有多个连接请求的服务器；当一个连接请求到来时，如果队列已满，那么客户端将收到 WSAECONNREFUSED 错误。当没有可用的描述字时，listen( )函数仍试图正常地工作。它仍接受请求直至队列变空。当有可用描述字时，后续的一次 listen( )或accept( )调用会将队列按照当前或最近的“后备日志”重新填充，如有可能的话，将恢复监听申请进入的连接请求。

(6) 用 accept( )函数接受连接请求。

```
SOCKET accept(SOCKET s, struct sockaddr* addr, int* addrlen);
```

accept( )函数表示当客户端的连接请求到达服务器主机侦听的端口时，此时客户端的连接会在队列中等待，直到使用服务器处理接受请求。函数 accept( )成功执行后，会返回一个新的套接字文件描述符来表示客户端的连接，客户端连接的信息可以通过这个新的描述符来获得。

参数说明如下：

s：套接字描述符，该套接字在 listen( )后监听连接。

addr：(可选)指针，指向一个缓冲区，在其中接收为通信层所知的连接实体的地址。addr 参数的实际格式由创建套接字时产生的地址族确定。

addrlen：(可选)指针，输入参数，配合 addr 一起使用，指向存有 addr 地址长度的整型数。例如，以下代码是典型的 WinSock 代码：

```
struct sockaddr_in client_addr;                    //客户端地址结构
```

```
sc=accept(ss,(struct sockaddr *) &client_addr,&addrlen);     //接受客户端连接

int main(void)
{
  //---------------------
  //初始化 WinSock。
  WSADATA wsaData ;
  int iResult=WSAStartup(MAKEWORD(2,2),&wsaData);
  if(iResult!=NO_ERROR)
  {
    wprintf(L "WSAStartup failed with error:%ld\n",iResult);
    return 1 ;
  }
  //---------------------
  //创建套接字 Socket 来监听到来的连接请求。
  SOCKET ListenSocket ;
  ListenSocket=socket(AF_INET,SOCK_STREAM,IPPROTO_TCP);
  if(ListenSocket==INVALID_SOCKET)
  {
    wprintf(L "socketfailedwitherror:%ld\n",WSAGetLastError());
    WSACleanup();
    return 1 ;
  }
  //---------------------
  //Thesockaddr_instructurespecifiestheaddressfamily,
  //IPaddress,andportforthesocketthatisbeingbound.
  sockaddr_in service ;
  service.sin_family=AF_INET ;
  service.sin_addr.s_addr=inet_addr("127.0.0.1");
  service.sin_port=htons(27015);
  if(bind(ListenSocket, (SOCKADDR*)&service,sizeof(service))==SOCKET_ERROR)
  {
    wprintf(L"bindfailedwitherror:%ld\n",WSAGetLastError());
    closesocket(ListenSocket);
    WSACleanup();
    return 1 ;
  }
  //---------------------
  //Listenforincomingconnectionrequests.
  //onthecreatedsocket
  if(listen(ListenSocket,1)==SOCKET_ERROR)
  {
    wprintf(L"listenfailedwitherror:%ld\n",WSAGetLastError());
    closesocket(ListenSocket);
```

```
    WSACleanup();
    return 1 ;
  }
  //----------------------
  //CreateaSOCKETforacceptingincomingrequests.
  SOCKETAcceptSocket ;
  wprintf(L "Waitingforclienttoconnect...\n");
  //----------------------
  //Accepttheconnection.
  AcceptSocket=accept(ListenSocket,NULL,NULL);
  if(AcceptSocket==INVALID_SOCKET)
  {
    wprintf(L "acceptfailedwitherror:%ld\n",WSAGetLastError());
    closesocket(ListenSocket);
    WSACleanup();
    return 1 ;
  }
  else
  wprintf(L "Clientconnected.\n");
  //Nolongerneedserversocket
  closesocket(ListenSocket);
  WSACleanup();
  return 0 ;
}
```

(7) 用 connect( )函数连接目标服务器。

```
int connect(SOCKET s, struct sockaddr * name, int namelen);
```

客户端在建立套接字之后，不需要进行地址绑定就可以直接连接服务器。连接服务器的函数为 connect( )，此函数连接指定参数的服务器，例如 IP 地址、端口等。例如：

```
struct sockaddr_in saddr;                                  /*服务器地址*/
memset((void *)&saddr,0,sizeof(saddr));                    /*清零*/
saddr.sin_family=AF_INET;                                  /*协议族*/
saddr.sin_port=htons(6666);                                /*服务器端口 6666*/
saddr.sin_addr.s_addr=inet_addr("192.168.1.1");            /*假设服务器的 IP 地址为 192.168.1.1*/
connect(ClientSocket,(struct sockaddr *)&saddr,sizeof(saddr));     /*连接服务器*/
```

(8) 向已连接的套接字发送数据 send( )和读取数据 recv( )。

向已连接的套接字发送数据 send( )：

```
int send(SOCKET s, char * buf, int len, int flags);
```

从已连接的套接字接收数据 recv( )：

```
int recv(SOCKET s, char * buf, int len, int flags);
```

服务器在接收到一个客户端的连接后，可以通过套接字描述符进行数据的写入操作。对套接字进行写入的形式和过程与普通文件的操作方式一致，内核会根据文件描述符的值来查找对应的属性，当为套接字的时候，会调用对应的内核函数。图 4-5 是应用进程向套接字发送和接收数据的示意图。

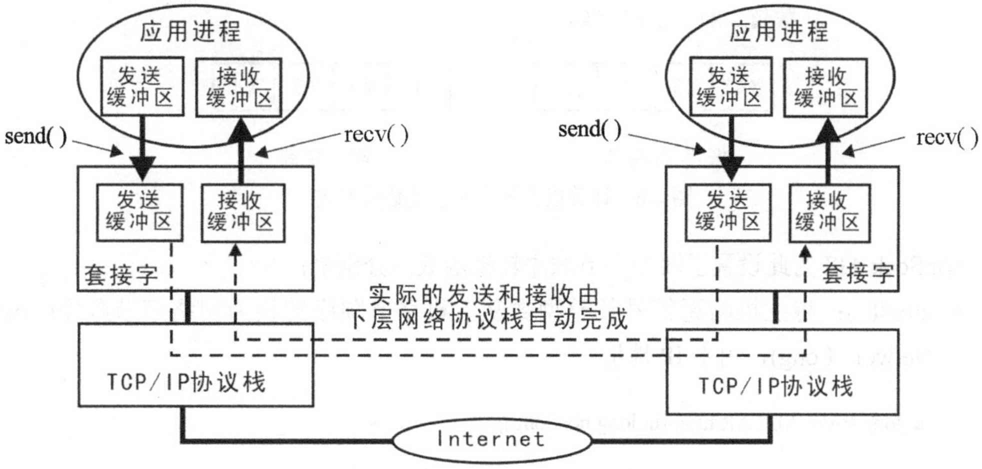

图 4-5　向套接字发送和接收数据

例如：

```
int size ;
char data[1024];
size = send(s, data, 1024);
```

使用 recv( )函数可以从套接字描述符中读取数据。在读取数据之前，必须建立套接字并连接。例如：

```
int size ;
char data[1024];
size = recv(s, data, 1024);
```

(9) 用 sendto( )函数按照指定目的地向数据报套接字发送数据：

```
int sendto(SOCKET s, char * buf, int len, int flags, struct sockaddr * to, int tolen);
```

(10) 用 recvform( )函数接收一个数据报并保存源地址，从数据报套接字接收数据：

```
int recvfrom(SOCKET s, char * buf, int len, int flags, struct sockaddr* from, int* fromlen);
```

(11) 用 closesocket()函数关闭套接字：

```
int closesocket(SOCKET s);
```

(12) 用 shutdown()函数禁止在一个套接字上进行数据的接收与发送：

```
int shutdown(SOCKET s, int how);
```

(13) WinSock 辅助函数。

不同的计算机存放多字节整数的方式不同，图 4-6 显示了存放多字节数的两种方式。因此，将一个整数拿到网络中传输时需要进行字节顺序转换，将整数从主机字节顺序转换成网络字节顺序；而从网络上收到一个整数到主机时，则需要从网络字节顺序转换成主机字节顺序。

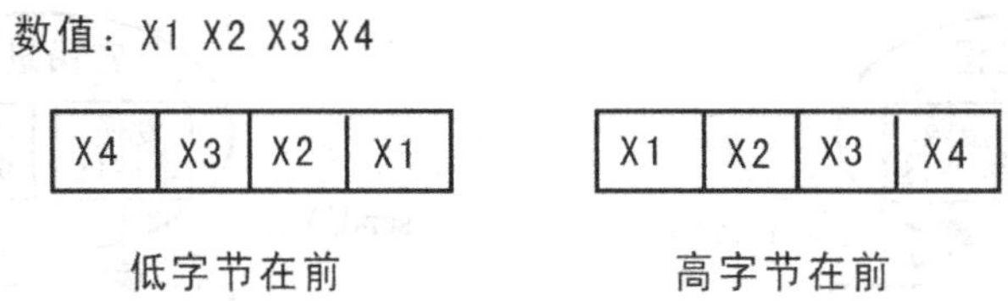

图 4-6　计算机存放多字节整数的方式

WinSock API 为此设置了四个字节顺序转换函数，分别是：

● htonl( )：将主机的无符号长整型数从主机字节顺序转换为网络字节顺序(Host to Network Long)，用于 IP 地址。

```
u_long PASCAL FAR htonl(u_long hostlong);
```

hostlong 是主机字节，32 位数。htonl( )返回一个网络字节顺序的值。

● htons( )：将主机的无符号短整型数转换成网络字节顺序(Host to Network Short)，用于端口号。

```
u_short PASCAL FAR htons(u_short hostshort);
```

hostshort 是表达主机字节顺序的 16 位数。htons( )返回一个网络字节顺序的值。

● ntohl( )：将一个无符号长整型数从网络字节顺序转换为主机字节顺序(Network to Host Long)，用于 IP 地址。

```
u_long PASCAL FAR ntohl(u_long netlong);
```

netlong 是一个以网络字节顺序表达的 32 位数，ntohl( )返回一个以主机字节顺序表达的数。

● ntohs( )：将一个无符号短整型数从网络字节顺序转换为主机字节顺序(Network to Host Sort)，用于端口号。

```
u_short PASCAL FAR ntohs(u_short netshort);
```

netshort 是一个以网络字节顺序表达的 16 位数，ntohs( )返回一个以主机字节顺序表达的数。

同时，WinSock API 还提供了几个辅助函数：

```
int getpeername(SOCKET s, struct sockaddr * name, int * namelen);    /*获取与套接字相连的端地址 GETPEERNAME()*/
int getsockname(SOCKET s, struct sockaddr * name, int * namelen);    /*获取一个套接字的本地名字 GETSOCKNAME()*/
```

```
unsigned long inet_addr(const char * cp);      /*将一个点分十进制形式的 IP 地址转换成一个
                                                长整型数 INET_ADDR()*/
char * inet_ntoa(struct in_addr in);   /*将网络地址转换成点分十进制的字符串格式 INET_NTOA()*/
```

WinSock API 还提供了一组信息查询函数，让我们能方便地获取套接字所需要的网络地址信息以及其他信息：

gethostname( )用来返回本地计算机的标准主机名：

```
int gethostname(char* name, int namelen);
```

gethostbyname( )返回对应于给定主机名的主机信息：

```
struct hostent*    gethostbyname(const char* name);
```

gethostbyaddr( )根据 IP 地址取回相应的主机信息：

```
struct hostent* gethostbyaddr(const char* addr, int len, int type);
```

getservbyname( )返回对应给定服务名和协议名的相关服务信息：

```
struct servent* getservbyname(const char* name, const char* proto);
```

getservbyport( )返回对应给定端口号和协议名的相关服务信息：

```
struct servent * getservbyport(int port,      const char *proto);
```

getprotobyname( )返回对应给定协议名的相关协议信息：

```
struct protoent *    getprotobyname(const char * name);
```

getprotobynumber( )返回对应给定协议号的相关协议信息：

```
struct protoent * getprotobynumber(int number);
```

4. 基于 TCP 的网络程序设计流程

基于 TCP 的网络编程有两种模式：一种是服务器模式，另一种是客户端模式。服务器模式创建一个服务器程序，等待客户端用户的连接，接收到用户的连接请求后，根据用户的请求进行处理；客户端模式则根据目的服务器的地址和端口进行连接，向服务器发送请求并对服务器的响应进行数据处理。

图 4-7 是基于 TCP 的网络程序设计中客户端和服务器的交互过程。服务器程序的执行流程主要包括：

- 初始化
- 创建套接字(socket( ))
- 套接字与端口的绑定(bind( ))
- 设置服务器的侦听连接(listen( ))

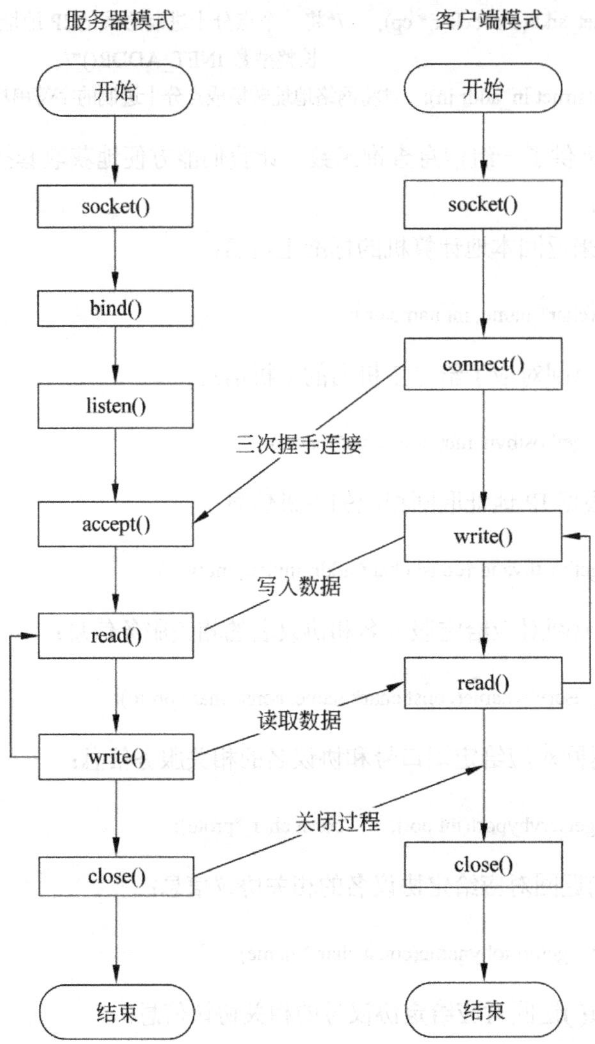

图 4-7　基于 TCP 的网络程序设计

- 接受客户端连接(accept( ))
- 接收和发送数据(read( )、write( ))并进行数据处理
- 将处理完毕的套接字关闭(close( ))

客户端程序的执行流程主要包括：

- 套接字初始化(socket( ))
- 连接服务器(connect( ))
- 读写网络数据(read( )、write( ))并进行数据处理
- 最后的套接字关闭(close( ))过程

5. 在 VC++下编写基于 TCP 的服务器程序

(1) WinSock 包括开发组件和运行组件两大部分。开发组件包括 WinSock 实现文档、API 引入库和一些头文件。运行组件包括 WinSock API 的动态链接库。以 WinSock 2.0 为

例，在 Visual C++ 6.0(简称 VC 6.0)中使用 WinSock 编程时，需要将以下三个文件包含到项目中：

- 头文件：winsock2.h
- 库文件：ws2_32.lib
- 动态库：ws2_32.dll

(2) 打开 VC 6.0，选择“File”菜单的“New”命令，出现“New”对话框，选择“Win32 Console Application”，输入工程名和工程位置，如图 4-8 所示。单击“OK”按钮，进入图 4-9 所示界面，选择创建简单的“Hello World”工程，进入图 4-10 所示界面，在源程序文件 tcpserv.cpp 中输入服务器源程序代码。

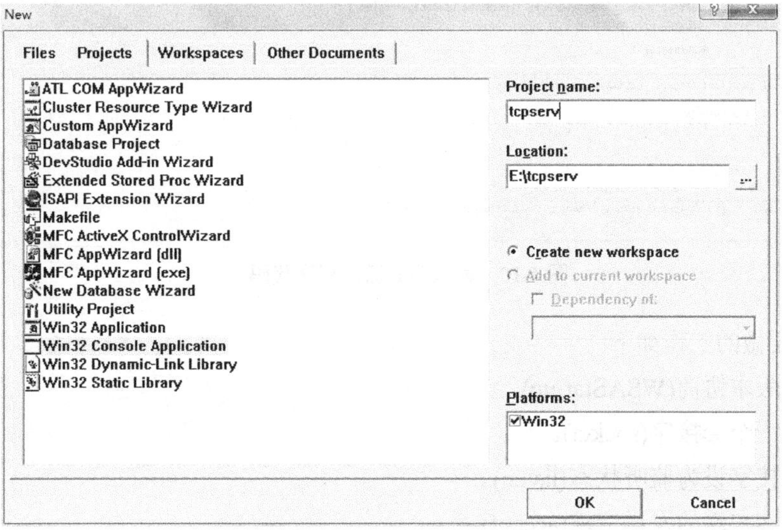

图 4-8　“New”对话框

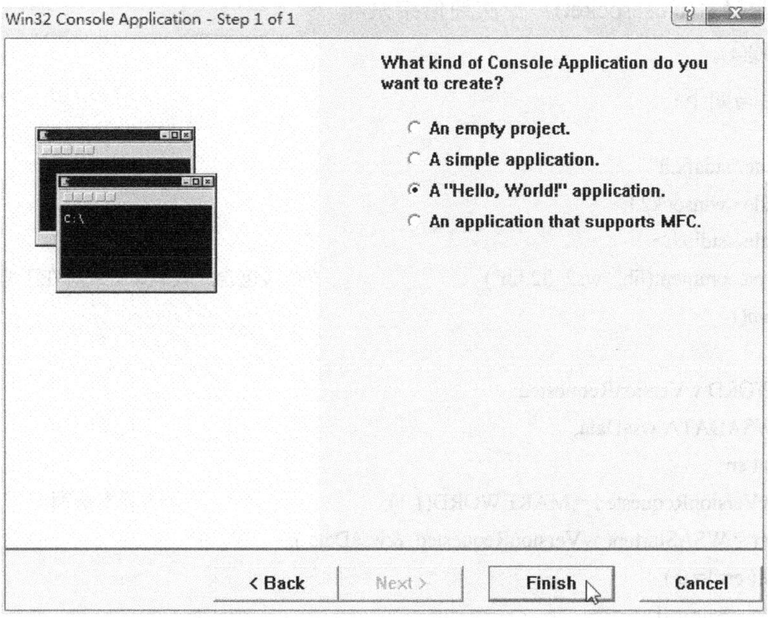

图 4-9　建立简单的“Hello World”应用

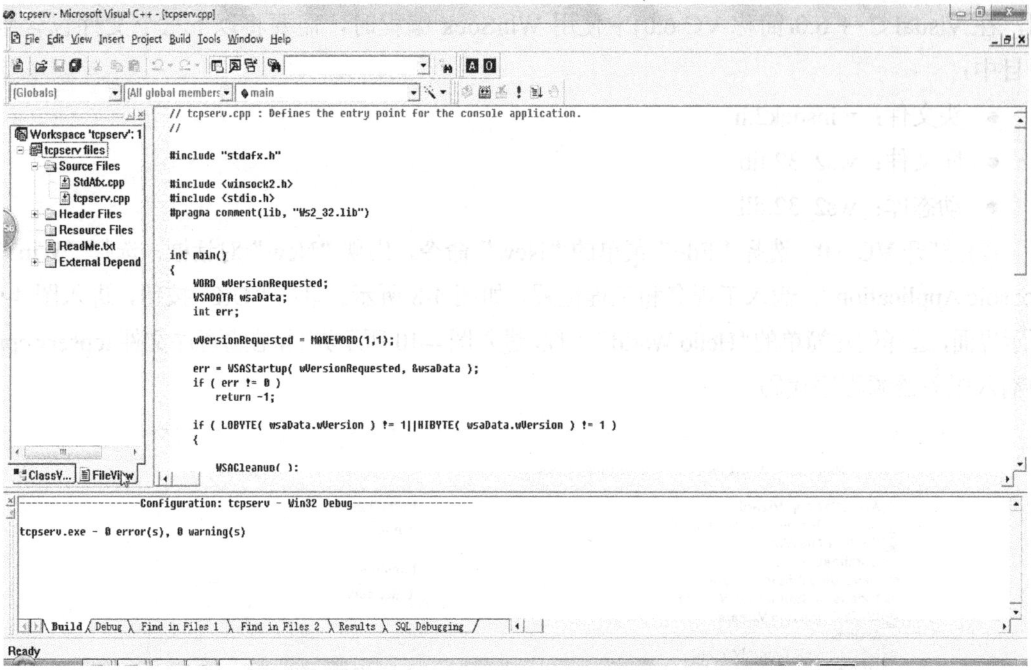

图 4-10　输入服务器源程序代码

服务器要做的工作如下：

① 进行版本协商(WSAStartup)。

② 创建一个套接字(socket)。

③ 将套接字设为监听状态(listen)。

④ 接受客户端的发送请求(accept)。

⑤ 发送或接收数据(send/recv)。

⑥ 关闭套接字(closesocket)，一次通信结束。

⑦ 转步骤④。

服务器代码如下：

```
#include "stdafx.h"
#include <winsock2.h>
#include <stdio.h>
#pragma comment(lib, "ws2_32.lib")                    //必须包含此段代码，或者在工程中进行设置
int main()
{
    WORD wVersionRequested;
    WSADATA wsaData;
    int err;
    wVersionRequested = MAKEWORD(1,1);                          //版本协商
    err = WSAStartup( wVersionRequested, &wsaData );
    if ( err != 0 )
        return -1;
```

```
        if ( LOBYTE( wsaData.wVersion ) != 1||HIBYTE( wsaData.wVersion ) != 1 )
        {
            WSACleanup( );
            return -1;
        }
        SOCKET socksrv = socket(AF_INET,SOCK_STREAM,0);          //创建基于 TCP 的套接字
        SOCKADDR_IN addrsrv;                                     //服务器地址
        addrsrv.sin_addr.S_un.S_addr = htonl(INADDR_ANY);        //本机 IP 地址
        addrsrv.sin_family = AF_INET;                            //协议族
        addrsrv.sin_port = htons(6000);              //服务器端口号为 6000，注意字节顺序转换
        bind(socksrv,(SOCKADDR*)&addrsrv,sizeof(SOCKADDR));      //绑定套接字
        listen(socksrv,5);                                       //设为监听模式
        SOCKADDR_IN addrClient;                                  //客户端地址信息结构体
        int len = sizeof(SOCKADDR);
        while(1)
        {

            SOCKET sockConn = accept(socksrv,(SOCKADDR*)&addrClient,&len);
            //接受客户端请求，返回值为已经建立连接的套接字
            char sendBuf[100];                                   //存储数据的缓冲区
            sprintf(sendBuf,"Welcome %s to the Service!",inet_ntoa(addrClient.sin_addr));
            //将数据格式化，写入缓冲区
            send(sockConn,sendBuf,strlen(sendBuf)+1,0);          //发送数据
            char recvBuf[100];                                   //接收数据的缓冲区
            recv(sockConn,recvBuf,100,0);                        //从套接字读取数据到缓冲区
            printf("%s\n",recvBuf);                              //将缓冲区中的数据写到显示器上
            closesocket(sockConn);                               //关闭套接字
        }
        return 0;
    }
```

(3) 编译和运行服务器

单击工具栏中的“Build”按钮，如果没有错误，单击“执行”按钮，将出现图 4-11 所示的服务器运行界面，可以看见光标不停闪烁，服务器正在监听客户端发起的连接请求。

图 4-11　服务器运行界面

6. 在 VC++下编写基于 TCP 的客户端程序

与建立服务器程序的步骤相同，打开 VC++，建立一个工程，建立客户端程序。客户端程序的执行过程如下：

(1) 进行版本协商(WSAStartup)。

(2) 创建一个套接字(socket)。

(3) 连接到服务器(connect)。

(4) 发送或接收消息(send/recv)。

(5) 关闭套接字(closesocket)。

(6) 释放资源(WSACleanup)

客户端程序的源代码如下：

```
#include "stdafx.h"
#pragma comment(lib, "ws2_32.lib")
#include <winsock2.h>
#include <stdio.h>
int main()
{
    WORD wVersionRequested;
    WSADATA wsaData;
    int err;
    wVersionRequested = MAKEWORD( 1, 1 );
    err = WSAStartup( wVersionRequested, &wsaData );
    if ( err != 0 )
        return -1;
    if ( LOBYTE( wsaData.wVersion ) != 1 ||
         HIBYTE( wsaData.wVersion ) != 1 )
    {
        WSACleanup( );
        return -1;
    }
    //创建套接字
    SOCKET sockClient = socket(AF_INET,SOCK_STREAM,0);
    //填写服务器信息的地址结构体
    SOCKADDR_IN addrSrv;
    /*连接地址为回环地址 127.0.0.1，这里假设服务器和客户端运行在同一台计算机上。如果服
务器程序和客户端进程运行在不同的计算机上，则此处填写服务器的 IP 地址    */
    addrSrv.sin_addr.S_un.S_addr = inet_addr("127.0.0.1");
    addrSrv.sin_family = AF_INET;
    addrSrv.sin_port = htons(6000);                    //服务器端口号 6666

    connect(sockClient,(SOCKADDR*)&addrSrv,sizeof(SOCKADDR)); //发送连接请求
    char revcBuf[100];                                 //定义的字符数组是接收数据的缓冲区
```

```
        recv(sockClient,revcBuf,100,0);                    //从套接字读取服务器发送来的数据到缓冲区
        printf("%s",revcBuf);                              //将缓冲区的数据打印到显示器上
        send(sockClient,"hello",strlen("hello")+1,0);      //向套接字写数据，相当于向服务器发送数据
        closesocket(sockClient);                           //关闭套接字
        WSACleanup();                                      //释放资源
        return 0;
    }
```

对客户端工程进行编译后，运行客户端程序，将出现图 4-12 所示界面。客户端向服务器发送“hello”数据，服务器则将欢迎某个 IP 地址的客户端信息发给客户端。

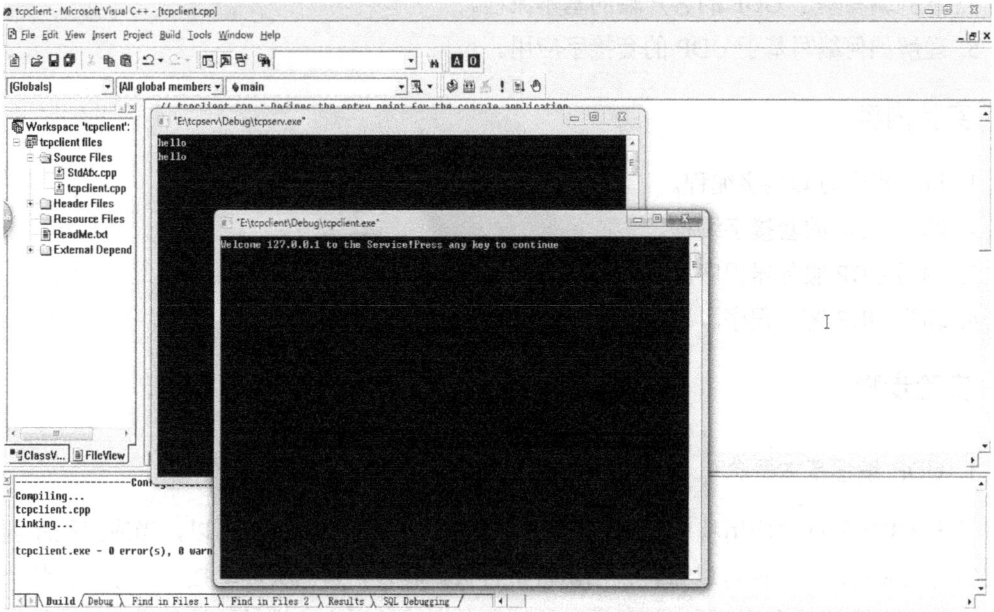

图 4-12　客户端和服务器通信界面

四、实验思考

1. 编写一个 TCP 程序，客户端向服务器发起连接后，服务器将系统时间发送给客户端。

2. 修改实验中的程序代码，实现运行客户端程序时，可以输入服务器的 IP 地址。

3. 修改实验中程序代码，服务器的端口号可以通过运行服务器程序来选择，客户端在运行时，可以输入服务器的 IP 地址和端口号。

4. 实验中的服务器程序采用不断循环的方式来接受客户端发起的连接请求，是否有更好的方式来实现程序？

5. 绘制面向 TCP 的客户端和服务器通信的流程图。

6. 如果服务器程序没有运行，只运行客户端程序，查看程序的运行结果，并分析原因，看看如何修改程序。

实验 17　基于 UDP 的套接字编程

一、实验目的

1. 掌握套接字编程的基本概念。
2. 掌握套接字函数。
3. 掌握编写基于 UDP 的服务器的基本流程。
4. 掌握编写基于 UDP 的客户端的基本流程。
5. 理解如何编写基于 UDP 的套接字应用。

二、实验内容

1. 进一步学习套接字编程。
2. 基于 UDP 的套接字编程。
3. 编写 UDP 服务器程序。
4. 编写 UDP 客户程序。

三、实验步骤

1. UDP 编程基本概念

基于 UDP 的网络应用程序是无连接、不可靠的一种应用程序。所以，当应用程序创建套接字句柄成功以后，便可以直接调用函数进行数据收发，最后关闭套接字对象。在整个过程中，客户端程序不需要调用任何函数来连接服务器或接受客户端的连接等操作。这种类型的应用程序通常在即时通信软件中使用。

在 UDP 中进行数据收发的函数是 sendto( )和 recvfrom( )。函数原型如下：

```
int sendto (                                    //发送函数
    SOCKET s,                                   //套接字句柄
    const char FAR * buf,                       //数据缓冲区
    int len,                                    //数据的长度
    int flags,                                  //一般设置为 0
    const struct sockaddr FAR * to,             //目标地址结构信息
    int tolen                                   //目标地址结构大小
);
int recvfrom (SOCKET s, char FAR* buf, int len, int flags,
struct sockaddr FAR* from, int FAR* fromlen);   //接收函数
```

函数 recvfrom( )的各个参数与函数 sendto( )的参数基本一致。参数 from 是指向地址结构 sockaddr_in 的指针，表示数据发送方的地址信息。参数 fromlen 表示地址结构的大小。

总结以上内容，编写一个 UDP 发送程序的步骤如下：

(1) 用 WSAStartup 函数初始化 Socket 环境。

(2) 用 socket( )函数创建一个套接字。

(3) 用 setsockopt( )函数设置套接字的属性，例如设置为广播类型；很多时候该步骤可以省略。

(4) 创建一个 sockaddr_in 对象，并指定其 IP 地址和端口号。

(5) 用 sendto( )函数向指定地址发送数据，不需要绑定，即使绑定了，其地址也会被 sendto( )函数中的参数覆盖；若使用 send( )函数，则会出错，因为 send( )函数是面向连接的，而 UDP 是非面向连接的，只能使用 sendto( )函数发送数据。

(6) 用 closesocket( )函数关闭套接字。

(7) 用 WSACleanup( )函数关闭 Socket 环境。

图 4-13 显示了基于 UDP 的无连接的服务器程序和客户端程序的函数调用过程。服务器框架函数通常是以流程：socket( )→bind( )→recfrom( )→sendto( )→closesocket( )。而客户端框架函数通常是以下流程：socket( )→sendto( )→recfrom( )→closesocket( )。编写基于 UDP 的网络程序相对简单，通常，UDP 服务器程序的流程如下：

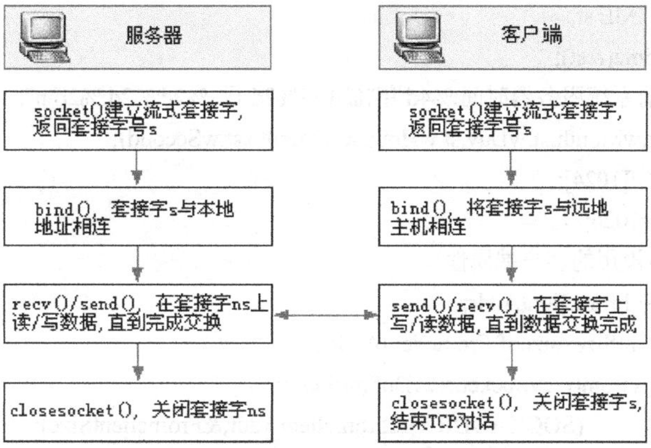

图 4-13　基于 UDP 的网络程序的执行流程

(1) 创建一个 socket：使用函数 socket( )。

(2) 设置 socket 属性：使用函数 setsockopt( )，可选。

(3) 绑定 IP 地址、端口等信息到 socket 上：使用函数 bind( )。

(4) 循环接收数据，用函数 recvfrom( )。

(5) 关闭网络连接。

2. 编写基于 UDP 的服务器程序

与实验 16 中编写基于 TCP 的程序的过程相同，创建一个工程，然后在源程序文件中输入以下代码(本实验中服务器程序在端口 8888 接收客户端发来的数据，记下客户端的 IP 地址和端口号)：

```
#include "stdafx.h"
#include <winsock2.h>
```

```
#pragma comment(lib,"ws2_32.lib")
#include <iostream>
int main(int argc, char* argv[])
{
    WSADATA wsaData;
    WSAStartup(MAKEWORD(2,2),&wsaData);          //初始化 socket
    //创建 socket
    SOCKET recvSocket;
    recvSocket=socket(AF_INET,SOCK_DGRAM,IPPROTO_UDP);
    //对 socket 进行绑定
    sockaddr_in reAddr;
    reAddr.sin_family=AF_INET;
    reAddr.sin_port=htons(8888);
    reAddr.sin_addr.S_un.S_addr=htonl(INADDR_ANY);
    bind(recvSocket,(sockaddr *)&reAddr,sizeof(reAddr));
    //调用 recvfrom( )函数，绑定从 socket 接收到的客户端数据
    //获取当前系统时间 sDataTime
    SYSTEMTIME st;
    GetLocalTime(&st);
    printf("当前系统服务器时间:%4d 年%2d 月%2d 日 %2d:%2d:%2d\n",
    st.wYear,st.wMonth,st.wDay,st.wHour,st.wMinute,st.wSecond);
    char recvBuf[1024];
    int bufLen=1024;
    //两个暂时没用的客户端属性
    sockaddr_in FromclientAddr;
    int FromclientSize=sizeof(FromclientAddr);
    int lbuf=recvfrom(recvSocket,recvBuf,bufLen,0,
                (SOCKADDR *)&FromclientAddr,&FromclientSize);
    recvBuf[lbuf]='\0';
    printf("客户端 IP 地址是:%s,端口是：%d\n,发来的数据内容是:
    %s\n",inet_ntoa(FromclientAddr.sin_addr),FromclientAddr.sin_port,recvBuf);
    printf("接收完成，关闭套接字\n");
    closesocket(recvSocket);
    //释放资源并退出
    WSACleanup();
    return 0;
}
```

3. 编写基于 UDP 的客户端程序

```
#include "stdafx.h"
#include <winsock2.h>
#pragma comment(lib,"ws2_32.lib") //加入链接库 ws2_32.lib

int main(int argc, char* argv[])
```

```
{
    WSADATA wsaData;
    //初始化 socket
    WSAStartup(MAKEWORD(2,2),&wsaData);
    //套接字初始化
    SOCKET sendSocket;
    sendSocket=socket(AF_INET,SOCK_DGRAM,IPPROTO_UDP);
    //设置即将连接的服务器地址
    sockaddr_in seAddr;
    seAddr.sin_family=AF_INET;
    seAddr.sin_port=htons(8888);                    //将服务器的端口号设置为 8888
    seAddr.sin_addr.S_un.S_addr=inet_addr("127.0.0.1");  //如果是自己给自己发送，也可以是
                                                         //htonl(INADDR_ANY)

    //初始化
    char sendBuf[1024]="你好，我来自成都理工大学工程技术学院";
    int bufLen=1024;
    //向服务器发送数据
    printf("请输入发送数据给服务器:\n");
    scanf("%s",sendBuf);
    bufLen=strlen(sendBuf);
    //绑定
    sendto(sendSocket,sendBuf,bufLen,0,(SOCKADDR *)&seAddr,sizeof(seAddr));
    //发送完成，关闭 socket
    printf("发送完成，关闭套接字\n");
    closesocket(sendSocket);
    //释放资源并退出
    WSACleanup();
    return 0;
}
```

4. 运行服务器程序和客户端程序

分别编译服务器程序和客户端程序。首先运行服务器程序，再运行客户端程序，在运行客户端程序时输入一段文字，运行结果如图 4-14 所示。

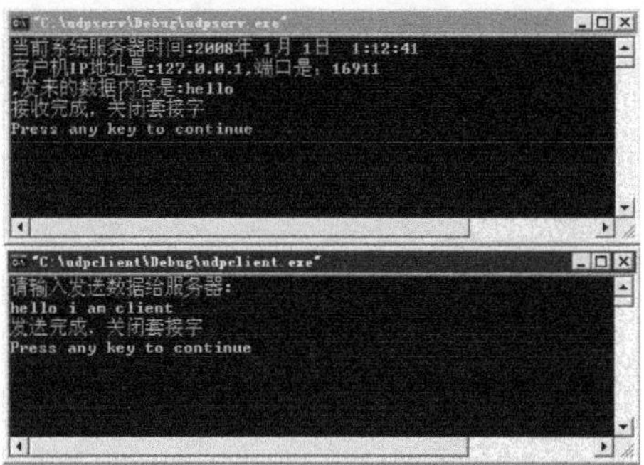

图 4-14　基于 UDP 的网络程序的运行结果

四、实验思考

1. 编写一个基于 UDP 的网络程序，双方发送“再见”时结束通信。
2. 修改实验中的程序代码，实现运行客户端程序时，可以输入服务器的 IP 地址。
3. 仔细阅读程序，领会服务器如何获知客户端的 IP 地址和端口号。
4. 在网络中搜索 ping 程序的 C 源程序，看看调用 sock( )函数时的参数？
5. 比较基于 TCP 的程序和基于 UDP 的程序的区别。

第5章　交换网络实验

实验18　网络设计模拟软件的使用

一、实验目的

1. 熟练掌握使用 Packet Tracer 软件搭建网络逻辑拓扑图。
2. 熟练掌握使用 Packet Tracer 软件搭建网络物理拓扑图。
3. 掌握 Packet Tracer 软件中主机与服务器的基本配置。
4. 掌握在 Packet Tracer 软件中对数据进行实时抓包和分析。

二、实验内容

1. 熟悉 Packet Tracer 软件的基本功能。
2. 使用 Packet Tracer 软件搭建网络逻辑拓扑图。
3. 使用 Packet Tracer 软件搭建网络物理拓扑图。
4. 对 Packet Tracer 软件中的主机与服务器进行基本配置。
5. 使用 Packet Tracer 软件对通信数据进行抓包与分析。

三、实验步骤

1. 熟悉 Packet Tracer 软件的基本功能

(1) 熟悉软件界面

Packet Tracer 6.2 的软件界面以及各功能说明如图 5-1 所示。

(2) 新建、保存和打开文件

使用主工具栏，新建一个文件，保存时，命名为 lab1.pkt。关闭软件，再次打开软件，使用打开功能，找到 lab1.pkt 文件，将其打开。

(3) 在工作区中添加文本框

使用右侧的常用工具栏，在工作区中添加一个文本框，输入字符“文本框示例”，然后将其拖动到工作区的右上角。

(4) 添加和修改几何图形

使用常用工具栏的添加几何图形按钮，在工作区中添加一个没有边框、填充颜色为红色的矩形。然后使用常用工具栏的改变图形大小工具，将矩形放大。

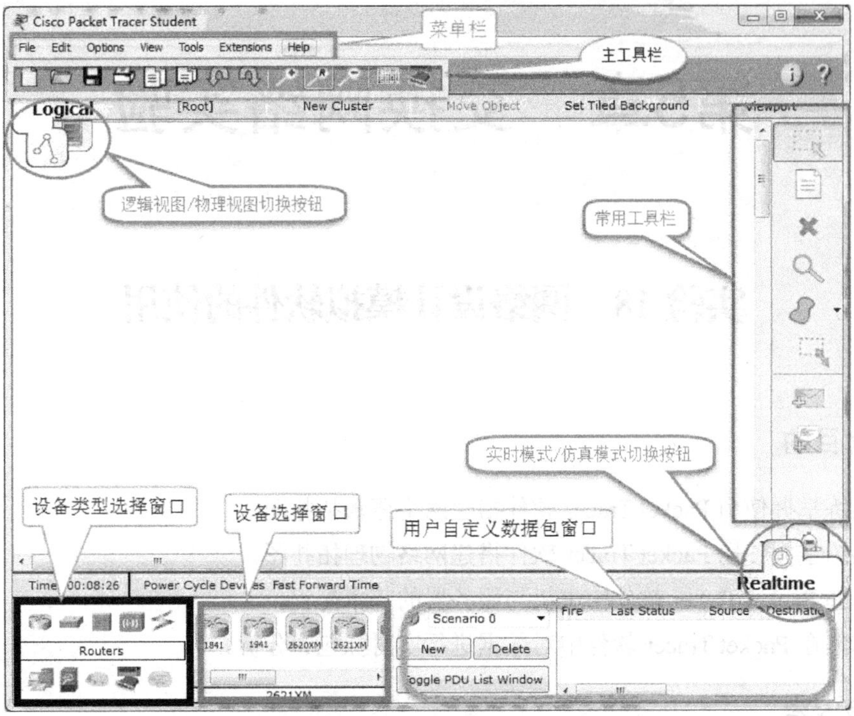

图 5-1　软件界面

(5) 使用帮助

单击菜单栏中 Help 菜单的 Content 命令，会在浏览器中打开帮助文档，其中有很多关于软件使用的说明，其中需要特别注意的是 Modeling 这部分，这部分给出了 OSI 七层模型，以及关于各种协议数据包的处理流程图。

2. 搭建网络逻辑拓扑图

(1) 添加设备

单击设备选择窗口中的 1841 路由器，1841 路由器的图标变成禁止符号，将指针移动到工作区中时，变成+号，单击工作区便添加了一台 1841 路由器。也可直接在设备选择窗口中将设备拖动到工作区中，或者在按住 Ctrl 键的同时单击设备，可以一次添加多台设备。在工作区增加两台 1841 路由器，单击设备名称，将设备名称改为 R1 和 R2。

(2) 复制设备

在按住 Ctrl 键的同时，拖动设备即可复制设备，如果拖动前已选择多台设备，则拖动时会复制多台设备。复制一台 R2 设备，将名称改为 R3。

(3) 为设备添加模块

单击设备图标，注意不要单击设备名称，弹出设备配置对话框。此对话框有三个标签，分别为 Physical、Config 和 CLI(见图 5-2)。添加模块前，先要关闭电源，单击电源开关，绿色指示灯灭表示电源已关闭。从模块列表中选择相应的模块，拖动到对应的插槽即可为设备添加模块。

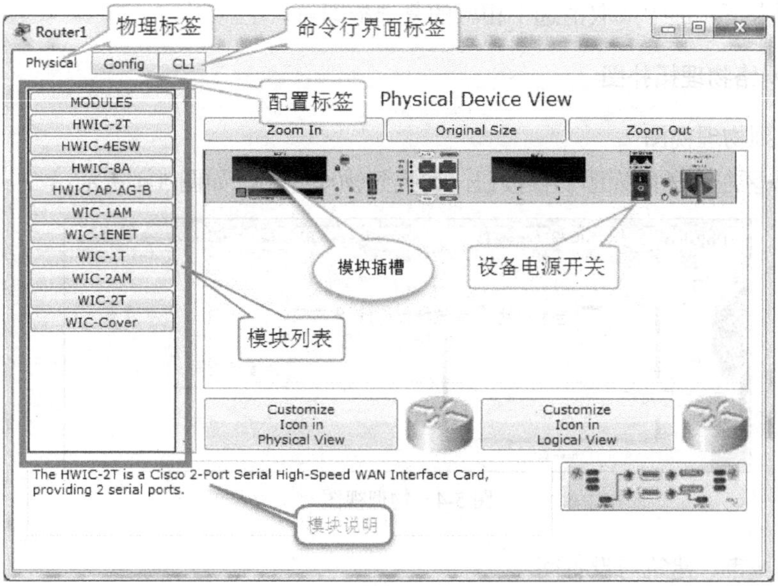

图 5-2　设备配置对话框

(4) 为设备删除模块

先将电源关闭，然后将模块拖回到模块列表即可。

(5) 添加连接

单击设备类型选择窗口中的连线图标，设备选择窗口中的设备便会切换到各种连线(见图 5-3)。可以使用自动判断类型让软件自动判断所用的线与接口(无法选择接口，软件自动选择)。单击交叉线，图标变为禁止符号，指针变成连接头符号。

移动连接头，单击工作区中的设备图标，弹出设备的接口列表，选择以太网接口并单击，移动连接头，连接头与设备间就有了一根连接线。再单击右边设备，弹出设备的接口列表，选择一个接口，单击即可完成连接。

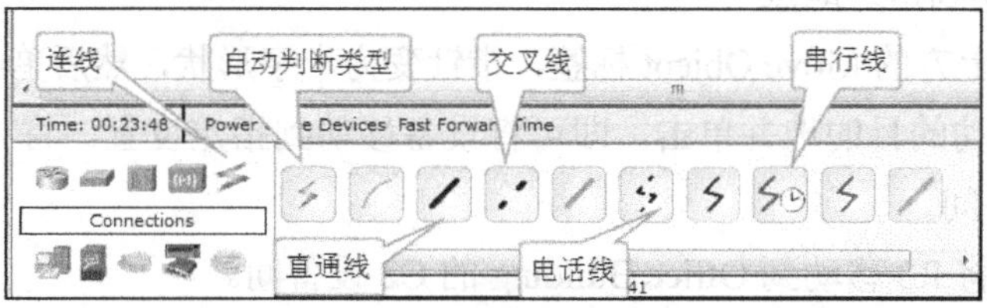

图 5-3　连接线窗口

(6) 删除连接

单击常用工具栏中的删除按钮，指针变成 X 形状，单击要删除的线，即可删除该连接。

(7) 显示或隐藏设备名称、设备型号与接口名称

可以设置在工作区中显示连接线两端的接口标签，单击 Option 菜单中的 Preferences 命令，弹出 Preferences 对话框。在 Interface 选项卡下，选中 Always show Port Labels 复选框。此时，就可以在工作区中显示连接线两端的接口标签了。

可以在工作区中显示或隐藏设备名称及设备型号，只需要在 Preferences 对话框的

Interface 选项卡下，选中或取消选中相应的复选框即可。

3. 搭建网络物理拓扑图

(1) 切换到物理视图

单击工作区左上角的视图切换按钮，切换到物理视图，如图 5-4 所示。

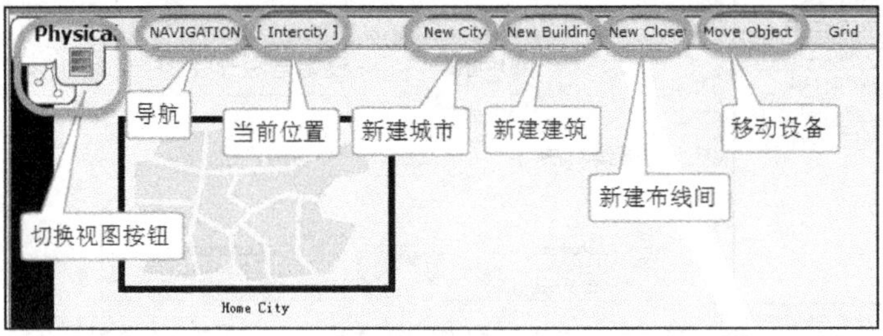

图 5-4　物理视图

(2) 新建城市、建筑与设备间

单击 New City 标签，新建一个城市，拖动新建的城市至原城市右边，双击城市的名称，将名称改为 My City。

单击新建城市的图标，进入城市视图，单击 New Building 标签，新建两个建筑——一个为 Home Building，另一个为 Office Building，将它们移动到恰当位置。

分别单击进入两个建筑，在 Home Building 中建立名为 C1 的布线间，在 Office Building 中建立名为 C2 的布线间。注意新建物体都在左上角，有时需要移动下方和右方的滑块才能看到。

单击 NAVIGATION 标签，可以弹出导航窗口，导航窗口中列出了所有的位置。可以单击要去的位置，然后单击最下方的 Jump to selected location，跳转到相应的位置。单击一台设备的名称，再单击跳转按钮，即跳转到设备所在的位置。

(3) 将设备移动到指定地点

单击物理视图上方的 Move Objept 标签，指针变为十字形状，然后单击设备，弹出地点列表，选择想到移动的目的地并单击，即可将设备移动到指定位置。将 R2 移动到 Home Building 的 C1 设备间。

以同样的步骤将 R3 移动到 Office Building 的 C2 设备间。

移动完成后，切换到 My City 视图，可以看到两栋建筑之间由一根黑色的线连接起来。

(4) 查看物理视图中线缆的属性

移动鼠标，将指针停留在线缆上方时，将会显示线缆的属性，如图 5-5 所示。

(5) 改变线缆颜色与属性

如果拓扑比较复杂，可以通过改变线缆的颜色在直观上区分不同的线缆：单击线缆，弹出选项，单击 Color Cable，弹出拾色器，选择需要的颜色(蓝色)后单击 OK 即可。

给线缆添加拐点，让其更符合实际情况。单击线缆，弹出选项，选择第一项 Create BendPoint，线缆中间多出一个黑色的方块。移动方块到指定位置即可。可以增加多个方块。可以通过这种方法来查看当双绞线长度超过 100 米时，两端设备无法通信的现象。

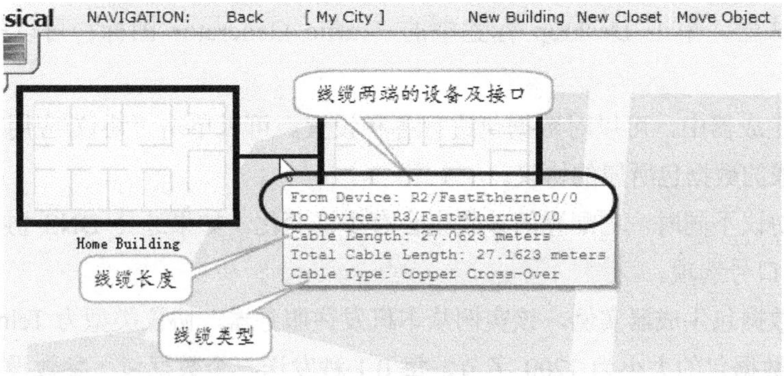

图 5-5　线缆属性

(6) 查看设备指示灯

进入 C1 设备间，单击工具栏中的放大按钮，放大设备。此时，可以查看设备背部各种指示灯的状态。

4. 主机与服务器的基本配置

(1) 在工作区添加主机与服务器

添加主机与服务器：在设备类型选择窗口中选择终端设备，从设备选择窗口中拖放一台 PC 机、一台笔记本电脑、一台服务器到工作区，分别命名为 PC1、L1 和 S1。

(2) 将笔记本电脑的有线网卡更换成无线网卡

单击笔记本电脑，弹出设备配置对话框，先关闭电源，然后将有线网卡拖回到模块列表中。将对应的无线网卡拖到空出来的插槽中，然后打开电源。

(3) 更改主机或服务器的 MAC 地址

这一般不是必需的步骤，软件自动配置了设备接口的 MAC 地址，但可以手动更改。更改过程如下：单击 PC1，弹出设备配置对话框。单击 Config 选项卡，在左侧栏中找到相应的接口，在右侧的 MAC 地址栏中修改其 MAC 地址。

(4) 配置主机与服务器的 IP 地址

在 Desktop 选项卡中单击 IP Configuration 图标，在弹出的配置窗口中配置 IP 地址、子网掩码和网关。将 PC1 的 IP 地址配置为 192.168.1.10，将子网掩码配置为 255.255.255.0。以同样的方式，给 S1 配置 IP 地址为 192.168.1.20、子网掩码为 255.255.255.0。

(5) 使用模拟命令行

我们常用的网络测试命令都是在主机命令行界面中输入的。只需要单击主机配置窗口中 Desktop 选项卡下的 Command Prompt 图标，即可进入主机命令行界面。

(6) 使用模拟软件

在主机的 Desktop 标签下，有一些常用的模拟软件的图标。可以使用浏览器软件来访问服务器网站，单击浏览器图标，弹出浏览器窗口，在地址栏里输入服务器的地址 192.168.1.20 即可，浏览器自动补齐协议。

(7) 使用数据包生成器

在实验过程中，我们有时需要主机产生许多流量来测试网络的性能，这时我们可以使用数据包生成器。单击 Desktop 标签中的 Traffic Generator 图标，可以打开数据包生成器。

在数据包生成器中，可以对数据包进行各种设置。可以单击“协议/应用”下拉列表来选择所需要生成的数据包所属的协议。

当选择的协议不同时，可配置的参数也会有少许变化。如果选择 DNS 协议，将增加源和目的 UPD 端口号选项。

配置一个数据包生成器实例，该实例从本机发往服务器，协议类型为 Telnet，源端口号是 5000，每个数据包的大小为 1200 字节，每 0.1 秒发送一个数据包。参数设定以后，单击右下角的“发送”按钮就可以开始连续不断地发送数据包了。

5. 数据抓包与分析

(1) 使用 Sniffer 设备进行实时抓包

单击设备类型选择窗口中的终端设备图标，将设备选择窗口中下方的滚动条拖到最右边，将设备列表最右方的 Sniffer 设备拖到工作区。然后切换到物理模式，将该设备放到 C1 设备间，再使用直通线将 PC1 和交换机的端口连接到 Sniffer 设备的两个接口。

单击 Sniffer 设备，弹出设备配置窗口。单击 GUI 选项卡，可以对抓包进行过滤选择以及查看分析情况，如图 5-6 所示。

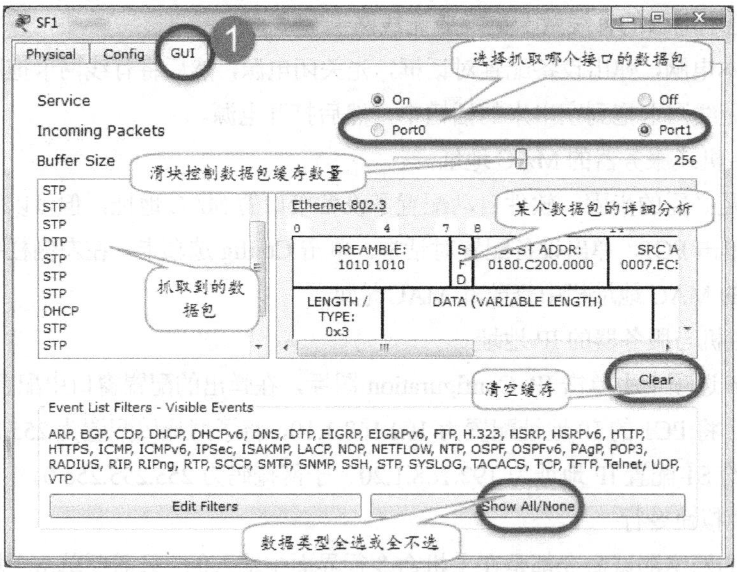

图 5-6　Sniffer 设备的 GUI 选项卡

如果只想抓取 STP 协议的数据包，先单击 Show All/None 按钮，不选择任何协议，然后单击 Edit Filter 按钮，选择 STP 协议，单击 OK 按钮即可。

(2) 使用仿真模式

单击工作区右下角的“仿真模式”按钮来可切换到仿真模式，弹出仿真模式控制面板。

仿真模式控制面板中的协议过滤器与 Sniffer 设备的协议过滤器在使用方式上是一样的。选择 TCP 协议。然后“单击手动单步捕获”按钮，工作区就会以动画的形式展示数据包的传递过程。仿真模式控制面板也会显示捕获到的数据包以及一些相关信息。

单击工作区中的数据包图标，会弹出数据包的协议数据单元信息。在 OSI Model 标签下显示数据包的分层信息。单击某一层(如第二层)，窗口下方会显示本设备根据该层信息所做的操作。

单击第二个或第三个选项卡，会显示数据包进入/离开该设备时的详细分析。从该选项卡可以看到该数据包二层的源和目的 MAC 地址、三层的源和目的 IP 地址，以及四层的源和目的端口号等信息。

四、实验思考

使用 Packet Tracer 搭建一个物理拓扑，由三个城市组成。每个城市里有一个布线间，每个布线间里有一台路由器，使用串行线将三台路由器相互连接起来。

实验 19　交换机的基本配置

一、实验目的

1. 掌握思科交换机的基本配置命令。
2. 熟悉思科设备的命令行配置界面。

二、实验内容

1. 搭建实验网络拓扑。
2. 熟悉命令行配置界面。
3. 保护交换机的配置界面。
4. 在交换机上启用远程登录功能。
5. 配置交换机接口双工模式与速率。
6. 查看与保存配置文件。

三、实验步骤

1. 搭建实验网络拓扑

使用 Packet Tracer 软件搭建如图 5-7 所示的实验拓扑。

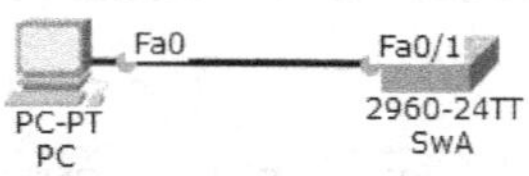

图 5-7　实验拓扑图

2. 熟悉命令行配置界面

(1) 进入命令行配置界面

双击交换机图标，弹出交换机配置窗口，单击 CLI 标签，进入交换机命令行配置界面。

(2) 进入特权模式

使用 enable 命令进入特权模式：

```
Switch>enable
Switch#
```

(3) 进入配置模式

使用 configure terminal 命令进入配置模式：

```
Switch#configure terminal
Enter configuration commands, one per line. End with CNTL/Z.
Switch(config)#
```

(4) 退回到上一模式

使用 exit 命令退回到上一模式。此时会弹出日志信息，再按一次回车键就可以弹出提示符：

```
Switch(config)#exit
Switch#
%SYS-5-CONFIG_I: Configured from console by console

Switch#
```

(5) 使用 end 命令

再次使用 configure terminal 命令进入配置模式，这次使用 end 命令(或 Ctrl+Z 组合键)退回到特权模式。这个命令可以在任何高于特权模式的模式下使用：

```
Switch#configure terminal
Enter configuration commands, one per line.End with CNTL/Z.
Switch(config)#end
Switch#
%SYS-5-CONFIG_I: Configured from console by console
Switch#
```

(6) 配置交换机主机名

再次进入配置模式，使用 hostname 命令配置交换机主机名。在命令后面加入需要配置的主机名字符串即可。使用命令将交换机的主机名配置为 SwA：

```
Switch#configure terminal
Enter configuration commands, one per line.   End with CNTL/Z.
Switch(config)#hostname SwA
SwA(config)#
```

配置立即生效，可以看到提示符中的主机名已经变成 SwA。

3. 保护交换机的配置界面

(1) 配置控制线路密码

交换机控制线路默认没有密码，可以配置密码以防止未经授权的登录。

使用 line console 0 命令进入控制台线路配置子模式。再使用 password 命令配置密码，密码字符串紧跟在命令之后(以空格隔开)。再使用 login 命令强制用户通过控制台登录到交换机时需要提供认证信息(即密码)：

```
SwA(config)#line console 0
SwA(config-line)#password cisco
SwA(config-line)#login
SwA(config-line)#
```

(2) 验证控制线路密码的配置

使用 end 命令退回到特权模式，再使用 logout 命令(或 exit 命令)退出登录：

```
SwA(config-line)#end
SwA#
%SYS-5-CONFIG_I: Configured from console by console
SwA#logout
```

再次按回车键表示再次登录，此时需要用户提供密码：

```
User Access Verification
Password:
```

在冒号后面输入密码(cisco)，注意密码区分大小写，而且在输入的时候，没有提示！输入完成后按回车键可以进入用户模式：

```
User Access Verification
Password:
SwA>
```

(3) 配置特权模式密码

交换机默认配置中没有特权模式密码，配置特权模式密码，可以防止未经授权的用户进入特权模式。先进入特权模式，再进入配置模式，使用 enable password 命令配置进入特权模式的密码。同样，密码字符串(enpass)跟在命令后面(以空格分隔)：

```
SwA>enable
SwA#configure terminal
Enter configuration commands, one per line.   End with CNTL/Z.
SwA(config)#enable password enpass
SwA(config)#
```

(4) 验证特权模式密码的配置

使用 end 命令退回到特权模式，再使用 disable 命令退回到用户模式。此时，再次使用 enable 命令进入特权模式时，需要提供特权模式密码。在输入密码时，命令行没有任何提示：

```
SwA(config)#end
SwA#
%SYS-5-CONFIG_I: Configured from console by console
SwA#disable
SwA>enable
Password:
SwA#
```

4. 在交换机上启用远程登录功能

(1) 给交换机配置 IP 地址

在配置模式下使用 interface 命令进入接口配置子模式。interface 命令后接两个参数：第一个参数指定接口的类型，比如 vlan；第二个参数指定接口的编号，这里是 1。在接口子模式下使用 ip address 命令配置该接口的 IP 地址，该命令有两个参数：第一个参数是 IP 地址，这里是 192.168.1.1；第二个参数是子网掩码，这里是 255.255.255.0。IP 地址配置完成后，使用 no shutdown 命令开启接口。交换机上的很多接口默认是开启的，但出于安全考虑，vlan 1 接口默认是关闭的。

```
SwA#configure terminal
SwA(config)#interface vlan 1
SwA(config-if)#ip address 192.168.1.1 255.255.255.0
SwA(config-if)#no shutdown
SwA(config-if)#
%LINK-5-CHANGED: Interface Vlan1, changed state to up
%LINEPROTO-5-UPDOWN: Line protocol on Interface Vlan1, changed state to up
SwA(config-if)#
```

(2) 配置网关

首先使用 exit 命令退回到配置模式下，然后使用 ip default-gateway 命令配置网关地址，配置网关时不需要子网掩码。

```
SwA(config-if)#exit
SwA(config)#ip default-gateway 192.168.1.254
```

(3) 配置虚拟终端密码

在配置模式下，使用 line vty 命令进入虚拟终端(virtual teletype)线路配置子模式。虚拟终端可以有很多个，不同的设备具体数量会不同，但每台设备至少有 5 个，编号从 0 到 4。line vty 命令后面只接一个编号，表示配置该编号的线路；如果要配置多条线路，可以在命令后接两个参数，第一个参数表示起始编号，第二个参数表示终止编号。要启用 Telnet 功能，至少需要在虚拟终端线路上配置密码，使用 password 命令来配置。

```
SwA(config)#line vty 0 4
SwA(config-line)#password vtypass
```

(4) 给主机配置 IP 地址

单击 PC 机，弹出 PC 配置对话框，单击 Desktop 选项卡中的 IP Configuration 图标，弹出 IP 配置对话框，在这个对话框里至少需要填写 IP 地址(192.168.1.2)和子网掩码(255.255.255.0)两项。配置完成后关闭对话框即可，没有“确定”之类的按钮用于让配置生效，因为填写完成即生效。

(5) 使用主机命令行界面远程登录到交换机

关掉主机的 IP 配置对话框后，回到 Desktop 标签下，单击 Command Prompt 图标，进入 PC 命令行界面。在这个界面中输入 telnet 命令，远程登录交换机，在命令后加上交换机的 IP 地址即可。输入完按回车键，会要求输入密码；输入 vtypass。同样，输入密码时窗口没有任何反应。输入完按回车键，就会出现交换机的提示符。

(6) 在交换机上查看登录到本机的用户信息

在交换机的特权模式下输入 show users 命令，可以查看现在登录到交换机的用户有哪些，它们都是通过哪些线路登录的。

5. 配置交换机接口双工模式与速率

默认情况下，交换机上所有物理接口的双工(Duplex)和速率(Speed)都是自适应的，但有的时候我们需要手动配置这两个参数。分别在接口配置子模式下使用 duplex 和 speed 命令来配置。对于一般的百兆以太网接口，双工可以配置成全双工(full)、半双工(half)和自适应(auto)，速率可以配置成十兆、百兆和自适应。

```
SwA#configure terminal
Enter configuration commands, one per line. End with CNTL/Z.
SwA(config)#interface f0/1
SwA(config-if)#duplex full
SwA(config-if)#speed 100
SwA(config-if)#
```

配置完成后，使用 end 命令退回到特权模式，使用 show ip interfaces brief 命令可以查看接口列表摘要。这里可以看到接口的状态以及 IP 地址等信息，这条命令对于网络排错非常有用。

6. 查看与保存配置文件

(1) 查看运行配置

在特权模式下，使用 show running-config 命令查看运行配置，也就是正在起作用的配置。一般一页显示不完整，可以使用空格键来翻页。

```
SwA#show running-config
Building configuration...

Current configuration : 1180 bytes
!
……略……
hostname SwA
!
enable password enpass
!
spanning-tree mode pvst
!
interface FastEthernet0/1
 duplex full
 speed 100
--More--
```

(2) 保存配置

在特权模式下使用 copy running-config startup-config 命令，也可以使用 write 命令。虽然前一个命令比较长，但思科推荐使用前一种，因为 copy 命令还可以用在其他不同的场合。输入命令后，提示保存文件名，默认为 startup-config。此时再次按回车键，便开始保存。

```
SwA#copy running-config startup-config
Destination filename [startup-config]?
Building configuration...
[OK]
SwA#
```

四、实验思考

1. 使用 show running-config 命令时，显示的信息非常多，有时候我们看到了想看的内容，不需要看接下来的内容了，可以按什么键来退出显示？

2. 在敲打命令的时候，如果单词比较长，可以只输入开头的几个字母，然后按什么键来补全(当以这些字母开头的命令唯一时)？或者使用什么按键显示所有以这些字母开头的命令(当以这些字母开头的命令不唯一时)？

3. 使用什么命令给交换机配置默认网关？

4. 在对交换机进行远程登录前，要对交换机做怎样的配置？

实验 20　交换机组网

一、实验目的

1. 掌握生成树协议相关配置命令和排错命令的使用。
2. 加深对生成树协议的理解。
3. 加深对交换机工作原理的理解。

二、实验内容

1. 搭建实验拓扑图。
2. 查看与记录网络生成树的参数。
3. 修改与验证网络生成树的参数。
4. 查看广播包在交换网络中的转发过程。
5. 查看与记录交换机的 MAC 地址表。

三、实验步骤

1. 搭建实验拓扑图

使用 Packet Tracer 软件搭建图 5-8 所示的拓扑图。

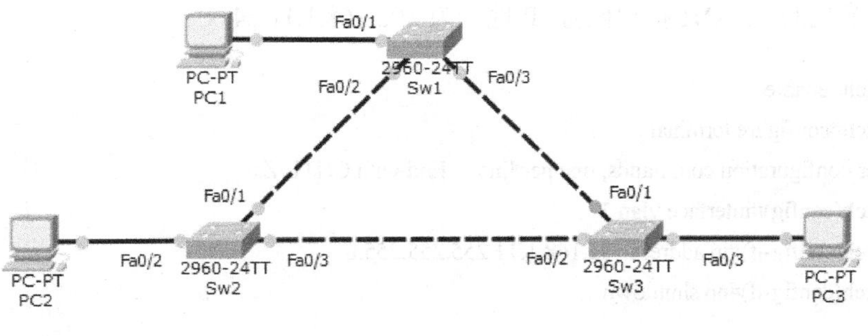

图 5-8　实验拓扑图

2. 查看与记录网络生成树的参数

(1) 查看交换机接口的转发延时

单击工作台右下角的“Power Cycle Devices”标签，重启所有设备，记录所有设备的接口灯从橙色变成绿色的时长为________________秒。(使用左下角的计时器。)

(2) 描述生成树

拓扑中的根交换机是交换机________________，我们称这台交换机为 A 交换机。(提示：

在特权模式下使用 show spanning-tree 命令，如果发现 This bridge is the root 字样，则说明这台交换机是根交换机。)

根交换机的桥优先级是________________？(桥优先级在 show spanning-tree 命令的输出中以 Priority 标签输出。)

根交换机的桥 ID 是________________？(桥 ID 由两部分组成，前一部分是优先级，后一部分在 show spanning-tree 命令中以 Address 标签输出。)

交换机_________的接口________处于阻塞状态。我们称这台交换机为 B 交换机。(在 show spanning-tree 命令的输出中，接口的 Sts 信息表示其状态。如果状态为 BLK，即为阻塞状态；如果状态为 FWD，即为转发状态。在图 5-8 中，Fa0/3 和 Fa0/2 都处于转发状态)。

3. 修改与验证网络生成树的参数

(1) 将 B 交换机配置为根交换机

在配置模式下使用 spanning-tree vlan 1 root primary 命令将交换机配置为根交换机。

```
Switch(config)#spanning-tree vlan 1 root primary
```

(2) 查看当前生成树的状态

配置完成后，在 A 交换机上查看此时拓扑中根交换机的优先级为_______，根交换机的桥 ID 是________。

此时交换机_________的接口________处于阻塞状态。

4. 查看广播包在交换网络中的转发过程

(1) 给 A 交换机配置 IP 地址

给 A 交换机的 VLAN1 接口配置 IP 地址为 192.168.1.11/24。

```
Switch>enable
Switch#configure terminal
Enter configuration commands, one per line.    End with CNTL/Z.
Switch(config)#interface vlan 1
Switch(config-if)#ip address 192.168.1.11 255.255.255.0
Switch(config-if)#no shutdown
```

(2) 选择需要抓取的数据包

按组合键 Shift + S，将模式切换到仿真模式。单击弹出的 Simulation Panel(仿真面板)中右下角的 Show All/None 按钮，过滤所有类型的数据包。然后单击一旁的 Edit Filters 按钮，在弹出的选择窗口中选中 ARP 复选框，表示只查看 ARP 数据包。

(3) 发出数据包

在 A 交换机上使用 ping 命令尝试与 IP 地址为 192.168.1.12 的主机通信。

```
Switch(config-if)#end
Switch#ping 192.168.1.12
```

(4) 捕获并分析数据包

单击仿真面板中的 Capture/Forward 按钮，捕获 ARP 请求数据包。查看三台交换机上的哪些接口转发了这个 ARP 请求数据包，哪些接口没有转发这个 ARP 请求数据包(没有请填“无”)。

A 交换机在接口________上发送 ARP 请求数据包。

B 交换机在接口________上收到这个 ARP 请求数据包。

C 交换机在接口________上收到这个 ARP 请求数据包。

再次单击 Capture/Forward 按钮。

交换机________在接口________上发送这个 ARP 请求数据包。

交换机________在接口________上收到这个 ARP 请求数据包。

再次单击 Capture/Forward 按钮。

交换机________在接口________上发送这个 ARP 请求数据包。

在所有活动的交换机接口中，交换机________的接口________没有转发这个 ARP 请求数据包。

完成后，按 Shift +R 组合键回到实时模式下。

5. 查看与记录交换机的 MAC 地址表

(1) 给三台主机配置 IP 地址并记录 MAC 地址

给三台主机配置 IP 地址，IP 地址及子网掩码如表 5-1 所示。将三台主机的 MAC 地址填在表 5-1 中。单击主机，单击 Config 标签中的 FastEthernet0 按钮，即可显示主机网卡的 MAC 地址。

表 5-1　主机 IP 地址及 MAC 地址表

主机	IP 地址	子网掩码	MAC 地址
PC1	192.168.1.1	255.255.255.0	
PC2	192.168.1.2	255.255.255.0	
PC3	192.168.1.3	255.255.255.0	

(2) 生成流量，让交换机学习 MAC 地址

使用 PC1 ping PC2 和 PC3 的 IP 地址，然后使用 PC2 ping PC3 的 IP 地址(执行 ping 操作的目的是让交换机学习 MAC 地址)。

(3) 查看交换机的 MAC 地址表

在交换机上使用 show mac-address-table 命令来查看交换机的 MAC 地址表。将拓扑中各接口出现的 MAC 地址通过表 5-1 转换成名称，填写在表 5-2 中。

表 5-2　交换机的 MAC 地址表

交换机	接口	PC
Sw1	Fa0/1	
	Fa0/2	
	Fa0/3	

(续表)

交换机	接口	PC
Sw2	Fa0/1	
	Fa0/2	
	Fa0/3	
Sw3	Fa0/1	
	Fa0/2	
	Fa0/3	

四、实验思考

1. ARP 请求数据包的目的 MAC 址是多少？目的 IP 地址是多少？

2. 交换机收到一个广播帧后，默认在哪些接口上转发这个广播帧？

3. 交换机使用收到的数据帧的哪一部分来确定 MAC 地址与接口的对应关系？

4. 如果一条链路上两端的端口到达根桥的开销一样大，那么交换机根据什么来决定哪个端口是指定端口？

第6章　路由器实验

实验 21　路由器基本配置

一、实验目的

1. 熟练掌握路由器命令行的使用。
2. 熟练掌握掌握路由器的基本配置命令。
3. 掌握路由器与交换机配置的区别与联系。

二、实验内容

1. 搭建实验拓扑图。
2. 给路由器配置主机名以及登录密码。
3. 给路由器接口配置 IP 地址。

三、实验步骤

1. 搭建实验拓扑图

使用 Packet Tracer 软件搭建如图 6-1 所示的拓扑图。

图 6-1　实验拓扑图

2. 给路由器配置主机名以及登录密码

(1) 配置主机名

路由器的基本配置和交换机的初始配置差不多，但路由器的 IP 地址配置在物理接口而不是 VLAN 接口上。路由器的物理接口默认处于关闭状态，而交换机的物理接口默认处于打开状态。

单击路由器图标，单击 CLI 标签，按回车键，路由器处于对话模式。输入 no，按回车键后进入用户模式，然后依次进入特权模式和配置模式，配置路由器的主机名为 R1。

```
--- System Configuration Dialog ---
Continue with configuration dialog? [yes/no]: no
Press RETURN to get started!
Router>enable
Router#configure terminal
Enter configuration commands, one per line.   End with CNTL/Z.
Router(config)#hostname R1
```

(2) 配置特权模式密码

```
R1(config)#enable password enpass
```

(3) 配置控制台线路密码

```
R1(config)#line console 0
R1(config-line)#password cisco
R1(config-line)#login
R1(config-line)#exit
```

(4) 配置虚拟终端线路密码

```
R1(config)#line vty 0 4
R1(config-line)#password vtypass
R1(config-line)#end
```

3. 给路由器接口配置 IP 地址

(1) 给接口配置 IP 地址

配置 Gig0/0 接口的 IP 地址为 192.168.1.1、子网掩码为 255.255.255.0，并且使用 no shutdown 命令将接口打开。

```
R1#configure terminal
Enter configuration commands, one per line. End with CNTL/Z.
R1(config)#interface g0/0
R1(config-if)#ip address 192.168.1.1 255.255.255.0
R1(config-if)#no shutdown
%LINK-5-CHANGED: Interface GigabitEthernet0/0, changed state to up
%LINEPROTO-5-UPDOWN: Line protocol on Interface GigabitEthernet0/0, changed state to up
R1(config-if)#
```

(2) 给主机配置 IP 地址

给 PC1 配置 IP 地址为 192.168.1.2、子网掩码为 255.255.255.0、网关为 192.168.1.1。

(3) 使用主机远程登录到路由器

切换到主机 PC1 的命令行，使用 telnet 命令远程登录到路由器。

四、实验思考

1. 主机配置网关的作用是什么？

2. 在交换机上配置 IP 地址与在路由器上配置 IP 地址有何不同？
3. 路由器和主机之间的连接线为何要使用交叉线？
4. 如何测试主机与路由器的 IP 通信是正常的？

实验 22　静态路由与默认路由

一、实验目的

1. 掌握在路由器上配置静态路由和默认路由的方法。
2. 加深对路由概念的理解。
3. 加深对路由器工作原理的理解。

二、实验内容

1. 搭建实验拓扑。
2. 给路由器接口和主机配置 IP 地址。
3. 配置静态路由，让 PC1 和 PC2 可以相互通信。
4. 配置静态路由，让 PC1 和 PC2 可以访问 PC3。
5. 配置默认路由，让 PC3 可以访问 PC1 和 PC2。
6. 测试连通性。
7. 观察路由环路。

三、实验步骤

1. 搭建实验拓扑

使用 Packet Tracer 软件搭建如图 6-2 所示的实验拓扑图。注意图 6-2 中使用的连接线是交叉线。

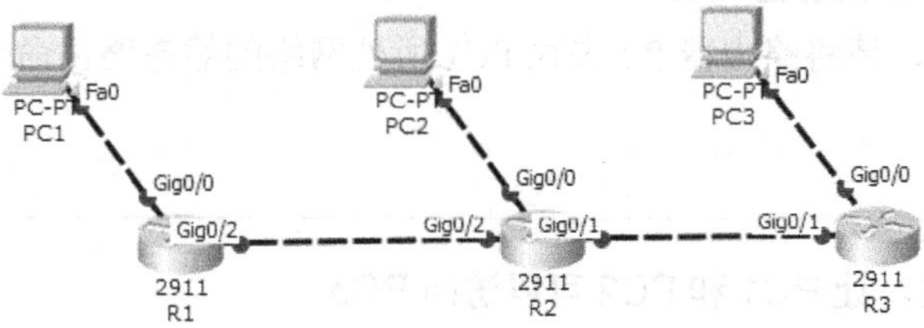

图 6-2　实验拓扑图

2. 给路由器接口和主机配置 IP 地址

使用表 6-1 中的地址，给主机和路由器接口配置 IP 地址。

表 6-1　IP 地址分配表

设备	接口	IP 地址	子网掩码	网关
PC1	Fa0	192.168.1.2	255.255.255.0	192.168.1.1
PC2	Fa0	192.168.2.2	255.255.255.0	192.168.2.1
PC3	Fa0	192.168.3.2	255.255.255.0	192.168.3.1
R1	Gig0/0	192.168.1.1	255.255.255.0	/
	Gig0/2	192.168.12.1	255.255.255.0	/
R2	Gig0/0	192.168.2.1	255.255.255.0	/
	Gig0/1	192.168.23.2	255.255.255.0	/
	Gig0/2	192.168.12.2	255.255.255.0	/
R3	Gig0/0	192.168.3.1	255.255.255.0	/
	Gig0/1	192.168.23.3	255.255.255.0	/

3. 配置静态路由，让 PC1 和 PC2 可以相互通信

(1) 配置路由器 R1 的静态路由

在配置模式下使用 ip route 命令配置静态路由。这条命令需要额外两部分信息：目的网络(由网络号和子网掩码两部分组成)、转发接口或下一跳地址。出于其他方面的因素(超出本书讨论范围)，一般使用下一跳地址。但是知道转发接口有利于确定数据走向以及下一跳地址。

现在，为了让 PC1 和 PC2 能够相互通信。路由器 A 需要知道 PC2 所处网络的路由信息。PC2 所处网络的网络号是 192.168.2.0、子网掩码为 255.255.255.0。路由器 R1 转发(出)数据包的接口是 Gig0/2，这个接口连接的下一跳地址是路由器 R2 的 Gig0/2 接口的 IP 地址：192.168.12.2。那么这条静态路由命令为 ip route 192.168.2.0 255.255.255.0 192.168.12.2。在路由器 R1 上配置静态路由的过程如下：

```
R1#configure terminal
Enter configuration commands, one per line.End with CNTL/Z.
R1(config)# ip route 192.168.2.0 255.255.255.0 192.168.12.2
```

(2) 配置路由器 R2 的静态路由

使用相同的方法，请将路由器 R2 去往 PC1 所处网络的静态路由命令写在下方横线上，并完成配置。

____。

4. 配置静态路由，让 PC1 和 PC2 可以访问 PC3

(1) 配置路由器 R1 的静态路由

使用相同的方法，请将路由器 R1 去往 PC1 所处网络的静态路由命令写在下方横线上，并完成配置。

____

(2) 配置路由器 R2 的静态路由

使用相同的方法，请将路由器 R2 去往 PC1 所处网络的静态路由命令写在下方横线上，并完成配置。

____

5. 配置默认路由，让 PC3 可以访问 PC1 和 PC2

去往所有非直连网络的的路由即默认路由，所有网络的网络号为 0.0.0.0、子网掩码为 0.0.0.0。路由器 R3 去往别的网络时，只能通过连接路由器 R2 的那个接口，根据这条规则，请将路由器 R3 上的默认路由命令写在下方横线上，并完成配置。

____

6. 测试连通性

静态路由和默认路由配置完成后，需要在主机上测试连通性。在 PC1 上 ping PC2 和 PC3 的 IP 地址，再在 PC2 上 ping PC3 的 IP 地址。如果都能 ping 通，则表示三台主机之间的数据连通性是好的。

7. 观察路由环路

(1) 配置路由环路

静态路由如果配置错误，就会出现路由环路。在图 6-1 所示的拓扑图中，对于 192.168.3.0/24 这个网络的数据包，如果路由器 R1 的操作是发送给路由器 R2，路由器 R2 的操作是发送给路由器 R1，那么将形成路由环路。即在路由器 R1 上做如下配置：

```
R1(config)#ip route 192.168.3.0 255.255.255.0 192.168.12.2
```

在路由器 R2 上做如下静态路由配置：

```
R2(config)#ip route 192.168.3.0 255.255.255.0 192.168.12.1
```

此时，使用 PC1 或 PC2 去 ping PC3 的 IP 地址，这个 ping 数据包会一直在路由器 R1 和路由器 R2 之间循环转发。为了防止这样的数据包无限循环下去消耗带宽，IP 协议头部具有一个 TTL 字段，数据包每被路由器转发一次，这个字段的值就减 1，当这个值为 0 时，路由器就会丢弃这个数据包。

(2) 使用仿真模式查看路由环路情况下数据包的循环转发

使用 Packet Tracer 软件的仿真功能查看这个数据包循环转发直到丢弃的过程。按 Shift + S 组合键切换到仿真模式，单击 Show All/None 按钮，过滤所有数据包，再单击 Edit Filters 按钮，选中 ICMP 数据包。

点开 PC1，打开命令行，输入命令 ping 192.168.3.2。然后单击仿真面板中的 Auto Capture /Play 按钮，自动捕获数据包。之后就可以看到数据包在路由器 R1 和 R2 之间循环转发。

单击数据包图标，就可以查看这个数据包的详细信息。单击 Inbound PDU Details 标签，可以看到数据包的封装信息，观察其中 TTL 值的变化。

四、实验思考

1. 主机发送数据包时的步骤是什么样的？
2. 路由器转发数据包时的判断流程是什么样的？
3. 出现路由环路时，路由器将会在什么情况下丢弃循环的数据包。
4. 一条路由至少由哪几部分组成？

实验 23　RIP 路由协议

一、实验目的

1. 学习在路由器上配置 RIPv1 协议。
2. 学习 RIPv1 路由协议的验证命令。
3. 学会调试路由器。

二、实验内容

1. 在路由器上配置 RIPv1 路由协议。
2. 查看并验证已配置 RIPv1 路由协议的路由器。

三、实验步骤

1. 搭建实验拓扑图并分配 IP 地址

(1) 搭建实验拓扑图

使用 Packet Tracer 软件搭建如图 6-3 所示的实验拓扑图。注意图 6-3 中使用的连接线是交叉线。

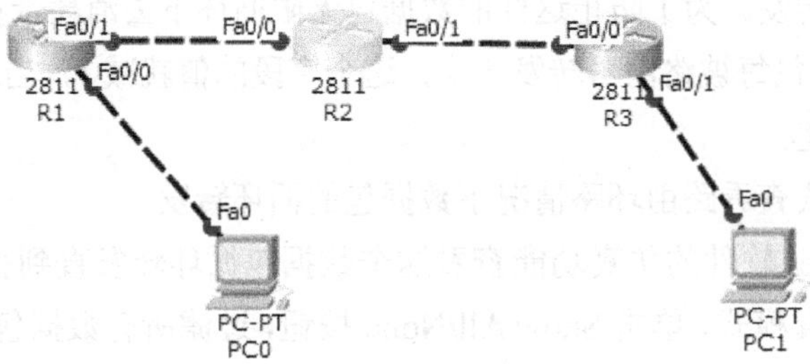

图 6-3　实验拓扑图

(2) 分配 IP 地址

路由器接口及各 PC 的 IP 地址划分如表 6-2 所示。

表 6-2　IP 地址划分一览表

设备名称	网络地址	IP 地址	子网掩码
R1 接口 Fa0/0	192.168.1.0	192.168.1.1	255.255.255.0
R1 接口 fa0/1	10.1.1.0	10.1.1.1	255.255.255.0
R2 接口 Fa0/0	10.1.1.0	10.1.1.2	255.255.255.0
R2 接口 Fa0/1	12.1.1.0	12.1.1.1	255.255.255.0
R3 接口 Fa0/0	12.1.1.0	12.1.1.2	255.255.255.0
R3 接口 Fa0/1	172.16.1.0	172.16.1.1	255.255.255.0
主机 PC0	192.168.1.0	192.168.1.2	255.255.255.0
主机 PC1	172.16.1.0	172.16.1.2	255.255.255.0

2. 配置 RIPv1 路由协议

(1) 配置路由器 R1 各接口的 IP 地址

```
R1>enable
R1#configure terminal
R1(config)#interface fastEthernet 0/0
R1(config-if)# ip address 192.168.1.1 255.255.255.0
R1(config-if)# no shutdown
R1(config-if)# interface fastEthernet 0/1
R1(config-if)# ip address 10.1.1.1 255.255.255.0
R1(config-if)# no shutdown
```

(2) 配置路由器 R1 的 RIP 路由协议

```
R1(config)#router rip
R1(config-router)#network 192.168.1.0
R1(config-router)#network 10.0.0.0
```

(3) 配置路由器 R2 各接口的 IP 地址

```
R2>enable
R2#configure terminal
R2(config)#interface fastEthernet 0/0
R2(config-if)#ip address 10.1.1.2 255.255.255.0
R2(config-if)#no shutdown
R2(config-if)# interface fastEthernet 0/1
R2(config-if)# ip address 12.1.1.1 255.255.255.0
R2(config-if)#no shutdown
```

(4) 配置路由器 R2 的 RIP 路由协议

```
R2(config)#router rip
```

```
R2(config-router)#network 10.0.0.0
R2(config-router)#network 12.0.0.0
```

(5) 配置路由器 R3 各接口的 IP 地址

```
R3>enable
R3#configure terminal
R3(config)#interface fastEthernet 0/0
R3(config-if)#ip address 12.1.1.2 255.255.255.0
R3(config-if)#no shutdown
R3(config-if)# interface fastEthernet 0/1
R3(config-if)# ip address 172.16.1.1 255.255.255.0
R3(config-if)#no shutdown
```

(6) 配置路由器 R3 的 RIP 路由协议

```
R3(config)#router rip
R3(config-router)#network 12.0.0.0
R3(config-router)#network 172.16.0.0
```

3. 验证 RIPv1 路由协议

(1) 完成以上配置后，可以采用 show ip protocols 命令检查在路由器 R1 上运行的路由协议。

```
R1#show ip protocols
Routing Protocol is "rip"
Sending updates every 30 seconds, next due in 4 seconds
Invalid after 180 seconds, hold down 180, flushed after 240
Outgoing update filter list for all interfaces is not set
Incoming update filter list for all interfaces is not set
Redistributing: rip
Default version control: send version 1, receive any version
  Interface          Send   Recv   Triggered RIP   Key-chain
  FastEthernet0/0    1      2 1
  FastEthernet0/1    1      2 1
Automatic network summarization is in effect
Maximum path: 4
Routing for Networks:
    10.0.0.0
    192.168.1.0
Passive Interface(s):
Routing Information Sources:
    Gateway         Distance      Last Update
    10.1.1.2          120         00:00:02
Distance: (default is 120)
```

(2) 可以采用 show ip route 命令查看路由器 R1 的路由表，在其中可以看到两条以 R 开头的路由表项，代表其为 RIP 路由。

```
R1#show ip route
Codes:  C - connected, S - static, I - IGRP, R - RIP, M - mobile, B - BGP
        D - EIGRP, EX - EIGRP external, O - OSPF, IA - OSPF inter area
        N1 - OSPF NSSA external type 1, N2 - OSPF NSSA external type 2
        E1 - OSPF external type 1, E2 - OSPF external type 2, E - EGP
        i - IS-IS, L1 - IS-IS level-1, L2 - IS-IS level-2, ia - IS-IS inter area
        * - candidate default, U - per-user static route, o - ODR
        P - periodic downloaded static route

Gateway of last resort is not set

     10.0.0.0/24 is subnetted, 1 subnets
C       10.1.1.0 is directly connected, FastEthernet0/1
R       12.0.0.0/8 [120/1] via 10.1.1.2, 00:00:15, FastEthernet0/1
     172.16.0.0/16 is variably subnetted, 2 subnets, 2 masks
R       172.16.0.0/16 [120/2] via 10.1.1.2, 00:00:15, FastEthernet0/1
S       172.16.1.0/24 [1/0] via 10.1.1.2
C       192.168.1.0/24 is directly connected, FastEthernet0/0
```

(3) 可以在路由器上采用 debug 命令进行 RIP 路由协议的诊断与排错过程，例如在路由器 R1 上采用 debug 命令来调试 RIP 协议的基本显示。

```
R1#debug ip rip
RIP protocol debugging is on
R1#RIP: received v1 update from 10.1.1.2 on FastEthernet0/1
      12.0.0.0 in 1 hops
      172.16.0.0 in 2 hops

R1#RIP: sending  v1 update to 255.255.255.255 via FastEthernet0/0 (192.168.1.1)
RIP: build update entries
      network 10.0.0.0 metric 1
      network 12.0.0.0 metric 2
      network 172.16.0.0 metric 3
RIP: sending  v1 update to 255.255.255.255 via FastEthernet0/1 (10.1.1.1)
RIP: build update entries
      network 192.168.1.0 metric 1
```

观察和分析以上路由更新内容。

(4) 在 PC0 上 ping PC1：

实验结果如图 6-4 所示，至此，RIPv1 路由协议已经配置成功！

```
PC>
PC>
PC>ping 172.16.1.1

Pinging 172.16.1.1 with 32 bytes of data:

Reply from 172.16.1.1: bytes=32 time=125ms TTL=253
Reply from 172.16.1.1: bytes=32 time=79ms TTL=253
Reply from 172.16.1.1: bytes=32 time=94ms TTL=253
Reply from 172.16.1.1: bytes=32 time=93ms TTL=253

Ping statistics for 172.16.1.1:
    Packets: Sent = 4, Received = 4, Lost = 0 (0% loss),
Approximate round trip times in milli-seconds:
    Minimum = 79ms, Maximum = 125ms, Average = 97ms

PC>
```

图 6-4　用 PC0 ping PC1 的结果

4. 实验调试

在配置 RIPv1 路由协议时，如果路由表建立不起来，请依次检查以下各项：

- 3 台路由器的接口地址是否配置正确
- 接口是否 UP
- 接口是否虚接
- 线序是否正确

四、实验思考

使用 debug 命令能看到 RIPv1 通告路由条目时不携带掩码吗？

实验 24　配置 OSPF 路由协议（单区域）

一、实验目的

1. 学习在路由器上配置 OSPF 协议。
2. 学习 OSPF 路由协议的验证命令。
3. 理解 OSPF 路由协议的工作过程。
4. 理解链路状态数据库。

二、实验内容

1. 在路由器上配置 OSPF 路由协议。
2. 验证和查看已配置 OSPF 路由协议的路由器。

三、实验步骤

1. 搭建实验拓扑图并分配 IP 地址

本部分内容与实验 21 相同。

2. 配置 OSPF 路由协议

(1) 配置各路由器接口的 IP 地址

此部分配置与实验 21 相同。

(2) 配置路由器 R1 的 OSPF 部分

```
R1>enable
R1#configure terminal
R1(config)#router ospf 100
R1(config-router)#network 192.168.1.1 0.0.0.0 area 0
R1(config-router)#network 10.1.1.1 0.0.0.0 area 0
```

(3) 配置路由器 R2 的 OSPF 部分

```
R2>enable
R2#configure terminal
R2(config)#router ospf 200
R2(config-router)#network 10.1.1.2 0.0.0.0 area 0
R2(config-router)#network 12.1.1.1 0.0.0.0 area 0
```

(4) 配置路由器 R3 的 OSPF 部分

```
R3>enable
R3#configure terminal
R3(config)#router ospf 300
R3(config-router)#network 12.1.1.2 0.0.0.0 area 0
R3(config-router)#network 172.16.1.1 0.0.0.0 area 0
```

3. 验证 OSPF 路由协议

(1) 完成以上配置后，可以采用 show ip protocols 命令检查路由器 R1 上运行的路由协议及相关参数。

```
R2#show ip protocols                    //查看在路由器 R2 上采用的路由协议
Routing Protocol is "ospf 200"
  Outgoing update filter list for all interfaces is not set
  Incoming update filter list for all interfaces is not set
  Router ID 12.1.1.1
  Number of areas in this router is 1. 1 normal 0 stub 0 nssa
  Maximum path: 4
  Routing for Networks:
    10.1.1.2 0.0.0.0 area 0
```

```
  12.1.1.1 0.0.0.0 area 0
Routing Information Sources:
  Gateway         Distance      Last Update
  10.1.1.1             110      00:02:54
  12.1.1.2             110      00:02:59
Distance: (default is 110)
```

(2) 使用 show ip ospf neighbor 命令可以显示相邻路由器的信息。以路由器 R2 为例，可以看出路由器 R2 连接了两个路由器，并且下方代码详细显示了路由器 R2 的两个相邻路由器的相关信息：

```
R2#show ip ospf neighbor
Neighbor ID    Pri   State      Dead Time   Address     Interface
192.168.1.1     1    FULL/DR     00:00:30   10.1.1.1    FastEthernet0/0
172.16.1.1      1    FULL/BDR    00:00:30   12.1.1.2    FastEthernet0/1
```

(3) 使用 show ip ospf database 命令查看 OSPF 链路状态数据库。在使用 OSPF 路由协议的路由器中，在收敛过程中会产生三张表：一张是邻居表，另一张是链路状态数据库表，还有一张是由 SPF 算法生成的路由表。其中，链路状态数据库表在每个路由器上是一样的，相当于区域的一张拓扑图，而链路表是每个路由器通过 SPF 算法生成的，各不相同，同时也避免了路由环路的产生。以下代码显示了路由器 R2 的拓扑表(链路状态数据库)：

```
R2#show ip ospf database
           OSPF Router with ID (12.1.1.1) (Process ID 200)

                Router Link States (Area 0)

Link ID         ADV Router      Age     Seq#          Checksum Link count
192.168.1.1     192.168.1.1     601     0x80000003    0x004d99 2
12.1.1.1        12.1.1.1        532     0x80000004    0x00a248 2
172.16.1.1      172.16.1.1      532     0x80000003    0x008b5c 2

                Net Link States (Area 0)
Link ID         ADV Router      Age     Seq#          Checksum
10.1.1.1        192.168.1.1     601     0x80000001    0x00cb9b
12.1.1.1        12.1.1.1        532     0x80000001    0x00a2ad
```

请自行分析 3 台路由器的链路状态数据库是否相同？

(4) 可以采用 show ip route 命令查看路由器 R2 的路由表。

```
R2#show ip route
Codes: C - connected, S - static, I - IGRP, R - RIP, M - mobile, B - BGP
       D - EIGRP, EX - EIGRP external, O - OSPF, IA - OSPF inter area
       N1 - OSPF NSSA external type 1, N2 - OSPF NSSA external type 2
       E1 - OSPF external type 1, E2 - OSPF external type 2, E - EGP
```

```
        i - IS-IS, L1 - IS-IS level-1, L2 - IS-IS level-2, ia - IS-IS inter area
        * - candidate default, U - per-user static route, o - ODR
        P - periodic downloaded static route

Gateway of last resort is not set

     10.0.0.0/24 is subnetted, 1 subnets
C       10.1.1.0 is directly connected, FastEthernet0/0
     12.0.0.0/24 is subnetted, 1 subnets
C       12.1.1.0 is directly connected, FastEthernet0/1
     172.16.0.0/24 is subnetted, 1 subnets
O       172.16.1.0 [110/2] via 12.1.1.2, 00:10:59, FastEthernet0/1
O    192.168.1.0/24 [110/2] via 10.1.1.1, 00:12:07, FastEthernet0/0
```

(5) 关于 OSPF 的调试。

使用 Debug 命令可以调试 OSPF 进程的详细信息，命令如下所示：

```
R2#Debug ip ospf adj
R2#Debug ip ospf events
```

(6) 验证连通性。

完成以上配置以后，在 PC0 上 ping PC1。ping 通的结果如图 6-5 所示。

```
PC>
PC>
PC>ping 172.16.1.1

Pinging 172.16.1.1 with 32 bytes of data:

Reply from 172.16.1.1: bytes=32 time=125ms TTL=253
Reply from 172.16.1.1: bytes=32 time=79ms TTL=253
Reply from 172.16.1.1: bytes=32 time=94ms TTL=253
Reply from 172.16.1.1: bytes=32 time=93ms TTL=253

Ping statistics for 172.16.1.1:
    Packets: Sent = 4, Received = 4, Lost = 0 (0% loss),
Approximate round trip times in milli-seconds:
    Minimum = 79ms, Maximum = 125ms, Average = 97ms

PC>
```

图 6-5　用 PC0 ping 通 PC1 的结果

至此，OSPF 路由协议配置验证完成。

4. 实验调试

在配置 OSPF 路由协议时，如果不能建立邻居关系，请依次检查以下各项：

- 双绞线线序
- 接口地址和掩码是否正确
- 接口是否 UP
- 通配符掩码是否正确

四、实验思考

三台路由器启动 OSPF 进程的先后顺序不同将会影响什么？

实验 25　IPv6 基础配置

一、实验目的

1. 熟练掌握 IPv6 地址的配置。
2. 熟练掌握 IPv6 静态路由和默认路由的基本配置。
3. 加深对 IPv6 地址组成的理解。

二、实验内容

1. 申请远程登录 BBS 账号，使用远程登录服务。
2. 登录 FTP 服务器，进行文件下载。

三、实验步骤

1. 搭建实验拓扑图

使用 Packet Tracer 软件搭建如图 6-6 所示的实验拓扑图。注意图 6-6 中使用的连接线是交叉线。

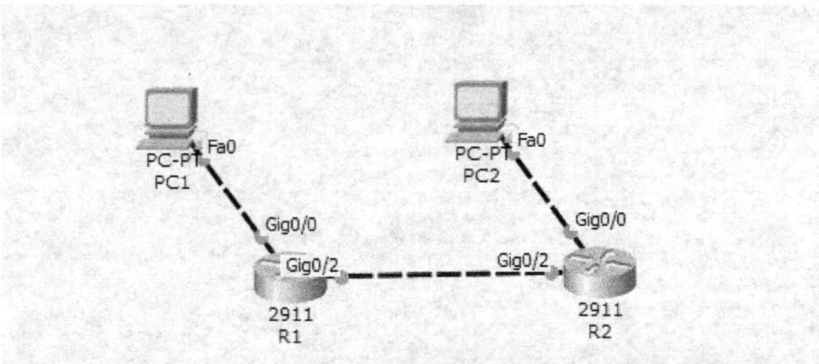

图 6-6　实验拓扑图

2. 给主机配置 IPv6 地址

单击主机 PC1，选择 Desktop 标签下的 IP Configuration 图标，配置静态 IPv6 地址，如图 6-7 所示。

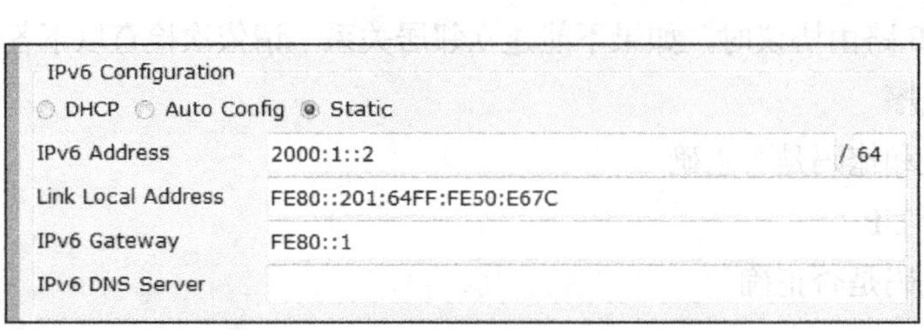

图 6-7　配置主机 PC1 的 IPv6 地址

同样，单击主机 PC2，配置静态 IPv6 地址为 2000:2::2/64，IPv6 网关为 FE80::2。

3. 路由器 R1 的 IPv6 配置

(1) 启用路由器的 IPv6 功能

路由器的 IPv6 数据包转发功能默认是关闭的，需要使用命令打开。

单击路由器 R1，进入配置模式后，使用 ipv6 unicast-routing 命令在路由器上启用转发 IPv6 数据包的功能。

```
R1>enable
R1#configure terminal
Enter configuration commands, one per line. End with CNTL/Z.
R1(config)#ipv6 unicast-routing
R1(config)#
```

(2) 给路由器 R1 接口配置 IPv6 地址

进入路由器接口配置子模式，使用 ipv6 enable 命令在接口上启用 IPv6 功能，使用 ipv6 address 命令配置接口的 IPv6 地址。这里需要配置两个地址：一个是全球唯一地址，另一个是链路本地地址。配置链路本地地址时需要加上 link-local 关键字。配置过程如下所示：

```
R1(config)#interface g0/0
R1(config-if)#ipv6 enable
R1(config-if)#ipv6 address 2000:1::1/64
R1(config-if)#ipv6 address fe80::1 link-local
R1(config-if)#exit
R1(config)#interface g0/2
R1(config-if)#ipv6 enable
R1(config-if)#ipv6 address 2000:12::1/64
R1(config-if)#ipv6 address fe80::1 link-local
```

(3) 在路由器 R1 上配置 IPv6 静态路由

在路由器 R1 上配置去往 PC2 所在网段的静态路由。配置过程如下所示：

```
R1(config)#ipv6 route 2000:2::/64 2000:12::2
```

4. 路由器 R2 的 IPv6 配置

(1) 启用路由器的 IPv6 功能

单击路由器 R2，进入配置模式后，使用 ipv6 unicast-routing 命令在路由器上启用转发 IPv6 数据包的功能。

```
R2>enable
R2#configure terminal
Enter configuration commands, one per line. End with CNTL/Z.
R2(config)#ipv6 unicast-routing
R2(config)#
```

(2) 给路由器 R1 接口配置 IPv6 地址

配置过程如下所示：

```
R2(config)#interface g0/0
R2(config-if)#ipv6 enable
R2(config-if)#ipv6 address 2000:2::1/64
R2(config-if)#ipv6 address fe80::2 link-local
R2(config-if)#exit
R2(config)#interface g0/2
R2(config-if)#ipv6 enable
R2(config-if)#ipv6 address 2000:12::2/64
R2(config-if)#ipv6 address fe80::2 link-local
R2(config-if)#exit
```

(3) 在路由器 R2 上配置 IPv6 静态路由

在路由器 R2 上配置去往 PC1 所在网段的静态路由。配置过程如下所示：

```
R2(config)#ipv6 route 2000:1::/64 2000:12::1
```

5. 验证 PC1 和 PC2 可以使用 IPv6 进行通信

在 PC1 上使用 ping 命令尝试与 PC2 的 IPv6 地址通信，测试连通性，如图 6-8 所示。

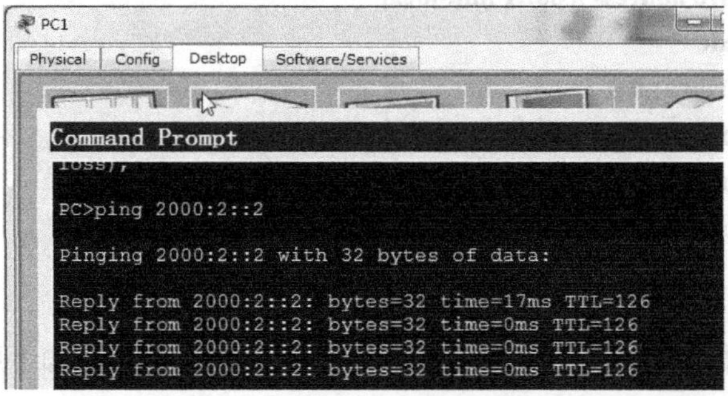

图 6-8　测试 IPv6 地址连通性

四、实验思考

1. IPv6 中，使用哪个协议完成三层地址与二层地址间的转换？
2. 给设备或接口配置 IPv6 地址时，替代子网掩码的叫做什么？
3. 与 IPv4 相比，IPv6 少了哪一类地址？
4. 将 IPv6 地址 2002:0000:1234:0000:0000:0000:5678:0012/64 写成最短形式。

第7章　网络安全和虚拟化实验

实验 26　防火墙配置实验

一、实验目的

1. 了解网络安全基本知识。
2. 在路由器中配置包过滤防火墙。
3. 测试包过滤防火墙的各项功能。

二、实验内容

1. 搭建防火墙网络拓扑。
2. 配置包过滤防火墙。
3. 测试防火墙。

三、实验步骤

1. 在 Packet Tracer 6.2 上搭建实验拓扑图

防火墙作为如今实现网络安全最传统、最为重要的手段，也得到飞速发展。学习并掌握从基于主机防护策略的简单防火墙，基于访问控制的包过滤以及状态监控的 CBAC，到基于区域的高级防火墙技术，甚至下一代防火墙，对于构筑学生的网络安全基础知识体系具有重大作用。

用路由器的访问控制列表可以实现最简单而又经典的包过滤防火墙。

访问控制列表可分为以下类型：

- 标准的列表(只检查数据包中的源 IP)，标号 1～99。
- 扩展的列表(同时检查数据包中的源 IP、目的 IP 地址信息，以及协议类型，还有特性协议的相关信息)，标号 100～199。
- 编号列表(通过编号方式来标识列表)。
- 命名列表(通过命名方式来标识列表)。

注意：访问控制列表有先后顺序，必须注意配置规则的先后！

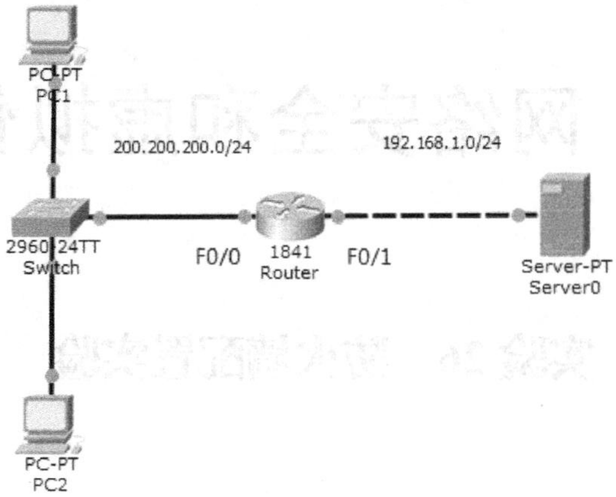

图 7-1　实验拓扑图

各设备的 IP 地址如表 7-1 所示。

表 7-1　各设备 IP 地址分配表

设备	接口	IP 地址	子网掩码	默认网关
PC1	Fa0	200.200.200.2	255.255.255.0	200.200.200.1
PC2	Fa0	200.200.200.3	255.255.255.0	200.200.200.1
Server	Fa0	192.168.1.2	255.255.255.0	/
Router	F0/0	200.200.200.1	255.255.255.0	/
	F0/1	192.168.1.1	255.255.255.0	192.168.1.1

2. 在防火墙 Router 上配置标准访问控制列表并测试

在防火墙 Router 的 F0/0 接口的入口方向上禁止指定源 PC1 的数据包，除此之外的数据包一律放行。

(1) 进入特权模式，随后进入全局配置模式。

```
Router>enable
Router#configure terminal
```

(2) 建立 1 号标准列表并阻止源 IP 数据包。

建立 1 号列表并阻止指定源 IP 数据包，也就是主机 PC1 的数据包。

```
Router(config)#access-list 1 deny host 200.200.200.2
```

(3) 允许 1 号列表通行其他源 IP 数据包并在接口 F0/0 的入口方向套用。

```
Router(config)#access-list 1 permit any
Router(config)#interface f0/0
Router(config-if)#ip access-group 1 in
```

注意：列表最后的 permit any 不能省，因为所有列表后面都有一条隐藏命令 deny any！

(4) 测试标准控制列表是否生效。

在 PC1 上探测防火墙 Router 的 F0/0 接口，ping 200.200.200.1，返回结果为：目标主机不可达，说明访问控制列表已生效，有效阻止了来自 200.200.200.2 的数据包，如图 7-2 所示。

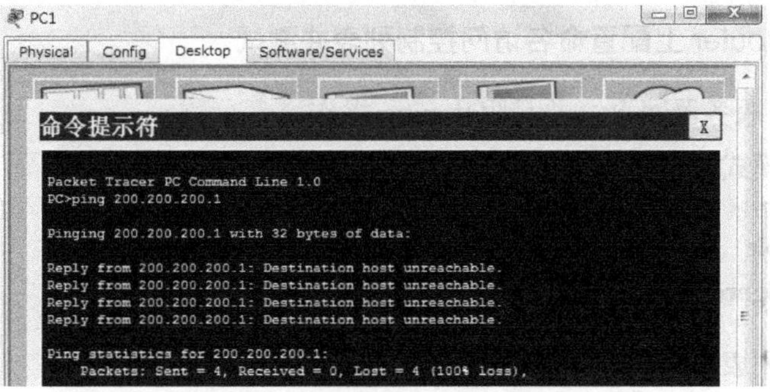

图 7-2　测试标准访问控制列表

3. 在防火墙 Router 上配置扩展访问控制列表并测试

在防火墙 Router 的 F0/0 接口的入口方向上禁止 ICMP echo request 数据包，除此之外的数据包一律放行(可以访问 HTTP/FTP/SMTP)。

(1) 进入特权模式，随后进入全局配置模式。

```
Router>enable
Router#configure terminal
```

(2) 建立 100 号扩展列表并阻止所有 ping 数据包。

```
Router(config)#access-list 100 deny icmp any any echo
```

(3) 允许 100 号列表通行其他源 IP 数据包并在接口 F0/0 的入口方向套用。

```
Router(config)#access-list 100 permit ip any any
Router(config)#interface f0/0
Router(config-if)#ip access-group 100 in
```

注意：同样不能省略列表最后的 permit ip any any!

(4) 测试扩展列表是否生效。

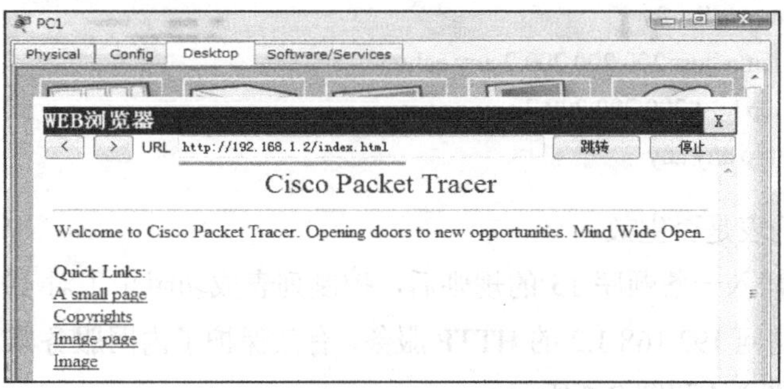

图 7-3　测试扩展访问控制列表

在阻止 ping 探测的同时，利用 PC1 的浏览器访问路由器右侧的 HTTP 服务器，可以成功访问网页界面，说明访问控制列表已生效，在阻止 ICMP 的同时允许所有其他 IP 数据包通过，结果如图 7-3 所示。

4. 在防火墙 Router 上配置命名访问控制列表并测试

阻止 PC1 访问服务器网页，并且阻止 ping 操作。

(1) 进入特权模式，随后进入全局配置模式。

```
Router>enable
Router#configure terminal
```

(2) 建立命名列表 fw 并阻止 PC1 的 ping 数据包。

```
Router(config)#ip access-list extended fw
Router(config-ext-nacl)#deny icmp host 200.200.200.2 any echo
```

(3) 允许命名列表通行其他源 IP 数据包。

```
Router(config-ext-nacl)#permit ip any any
```

以上三条命令按照默认排序应该是 10 和 20，如果此时忘记输入阻止访问网页的命令，要插入到 permit 的前面，需要在命令前加序号。

(4) 将规则插入命名列表。

```
Router(config-ext-nacl)#15 deny tcp host 200.200.200.2 any eq www
```

(5) 将命名列表在 F0/0 接口的入口方向套用。

```
Router(config-ext-nacl)#exit
Router(config)#interface f0/0
Router(config-if)#ip access-group fw in
```

(6) 检查命名列表的规则顺序。

最后为了使防火墙正确执行，键入命令，检查一下规则顺序。

```
Router#show ip access-list
Extended IP access list fw
    10 deny icmp host 200.200.200.2 any echo
    15 deny tcp host 200.200.200.2 any eq www
    20 permit ip any any
```

(7) 测试命名列表是否生效。

可以看到，在插入一条顺序 15 的规则后，控制列表成功阻止了对 192.168.1.2 的 ICMP 探测，同时阻止了访问 192.168.1.2 的 HTTP 服务，有效保护了内网服务器对外来主机的安全威胁，实验结果如图 7-4 和图 7-5 所示。

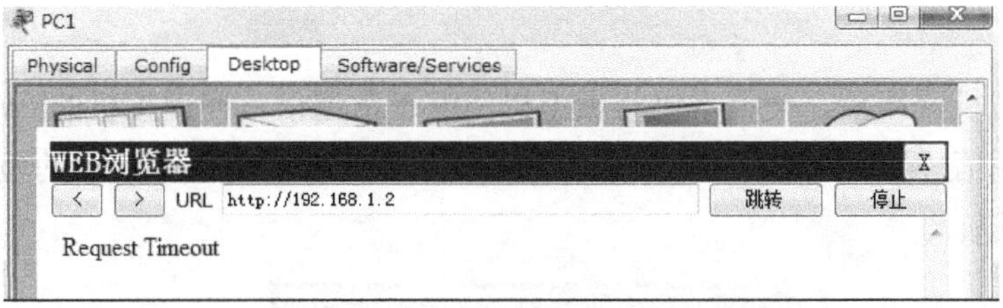

图 7-4　测试命名列表(一)

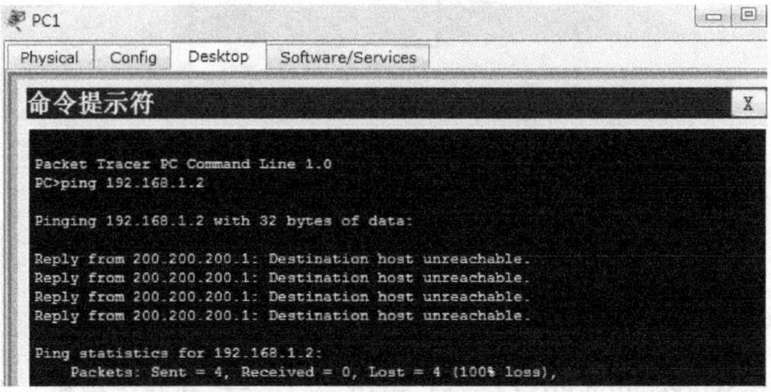

图 7-5　测试命名列表(二)

四、实验思考

1. 在掌握包过滤防火墙的基础上配置状态监控包过滤防火墙。
2. 在掌握状态监控包过滤防火墙的基础上配置基于区域的防火墙。

实验 27　虚拟化实验

一、实验目的

1. 安装虚拟机操作系统。
2. 设置 VMware Workstation Pro 12 网络。
3. 测试虚拟机功能。

二、实验内容

1. 安装虚拟机。
2. 搭建虚拟机服务器。
3. 测试虚拟机功能。

三、实验步骤

虚拟化技术按使用环境和客户需求，一般分为软件虚拟化和硬件虚拟化。学习虚拟化可以由浅入深，从虚拟机开始，深入到硬件虚拟化产品，最后再学习 Linux 下的 KVM 和 XEN

虚拟化技术。

设置好虚拟机网络后，使得本机与虚拟机能够正常通信。在虚拟机的 Windows Server 2003 操作系统中配置好 WWW、FTP 服务器后，利用本机访问虚拟机中的服务器。实验拓扑图如图 7-6 所示。

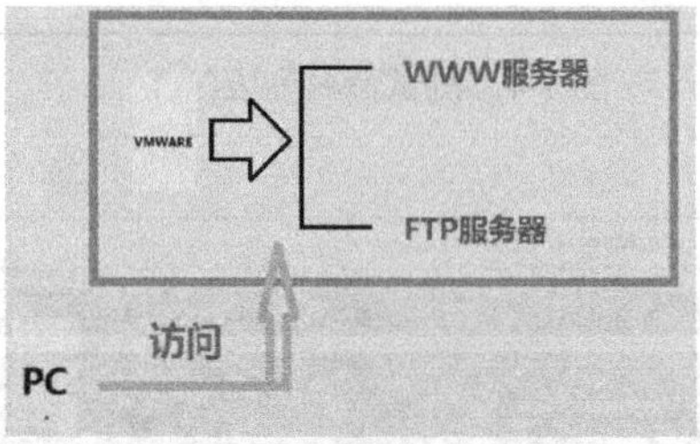

图 7-6　实验拓扑图

1. 新建 Windows 虚拟机并安装 Windows Server 2003 操作系统

安装好 VMware Workstation Pro 12 之后，单击“文件”→“新建虚拟机”，新建一台 Windows 主机，并设置好该主机需要安装的操作系统源文件，这里需要提前下载好操作系统的 ISO 安装包 Win2K3_EE_FULL_080328.iso。

使用新建虚拟机向导新建虚拟机，过程如图 7-7～图 7-12 所示。

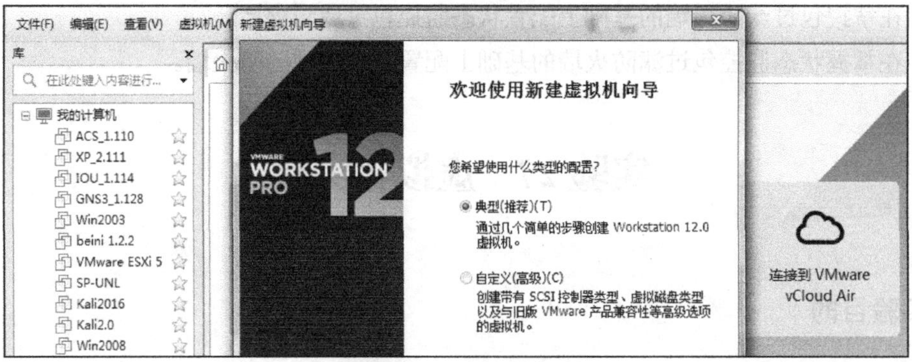

图 7-7　新建虚拟机

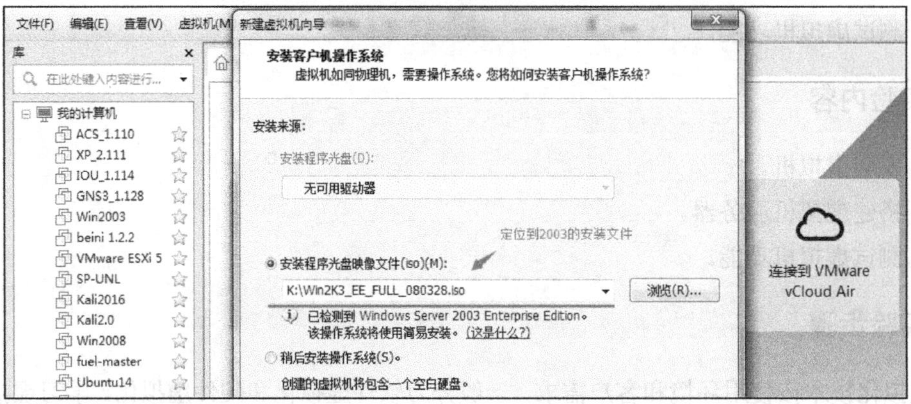

图 7-8　设置安装包路径

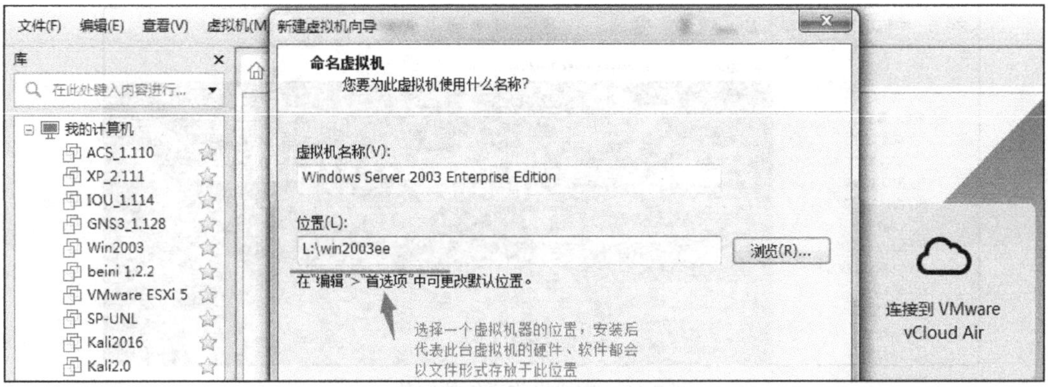

图 7-9　设置虚拟机文件存放位置

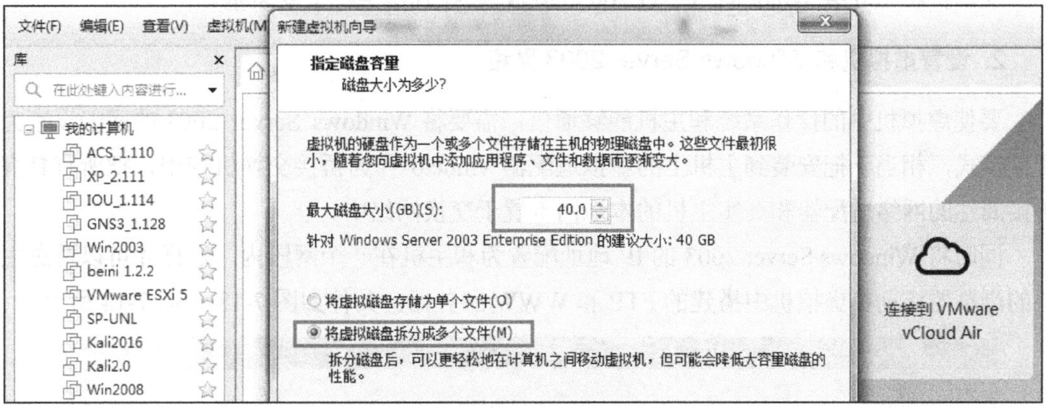

图 7-10　设置虚拟机磁盘

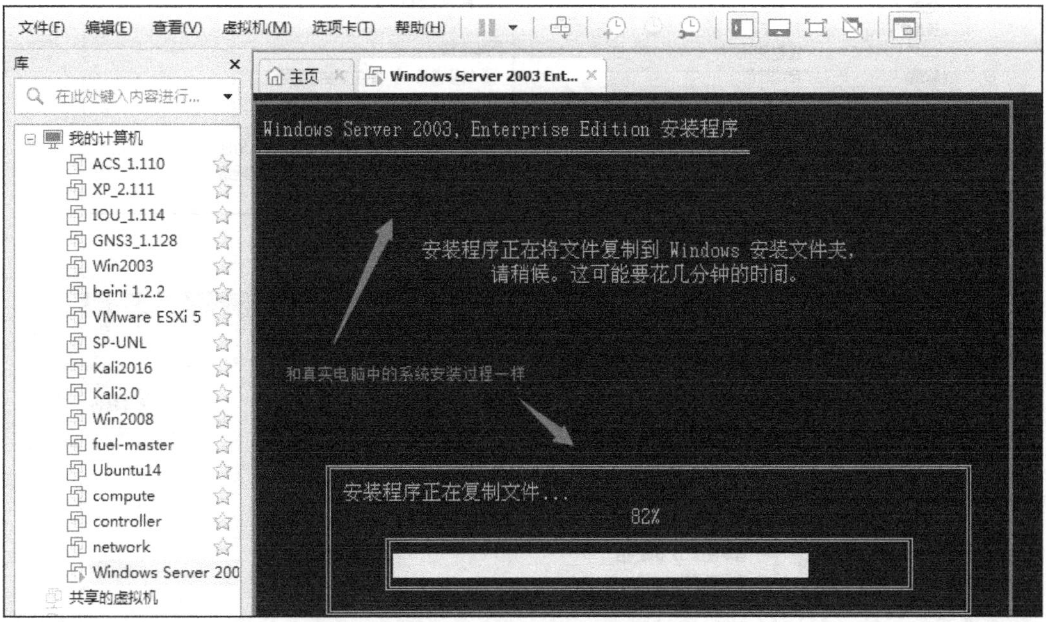

图 7-11　安装操作系统

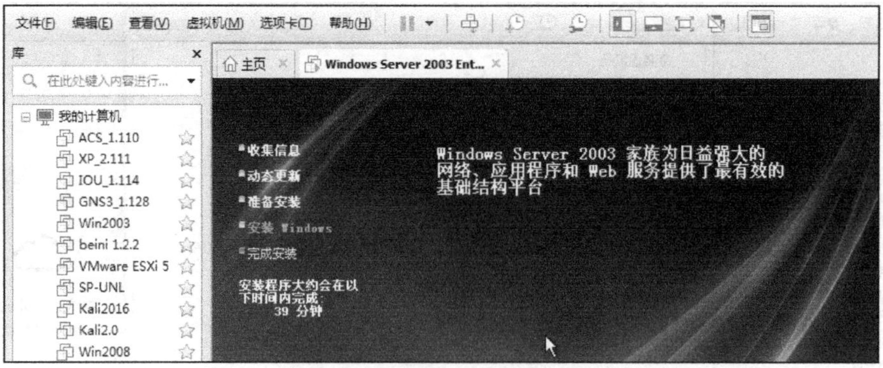

图 7-12　完成操作系统的安装

在虚拟机上安装 Windows Server 2003 的过程和在真实主机上安装基本一致。

2. 设置虚拟机和 Windows Server 2003 网络

要使虚拟机中的操作系统和主机能够通信，需要将 Windows Server 2003 的网卡设置为桥接模式，相当于把安装到主机上的虚拟适配器 vmnet0 作为桥接交换机使用，把所有具有桥接属性的网络适配器和真实主机的本地网卡置于交换网络中。

同时将 Windows Server 2003 的 IP 地址配置为和主机在一个网段内，这样才可以通过主机的浏览器访问在虚拟机中搭建的 FTP 和 WWW 服务器。具体如图 7-13 和图 7-14 所示。

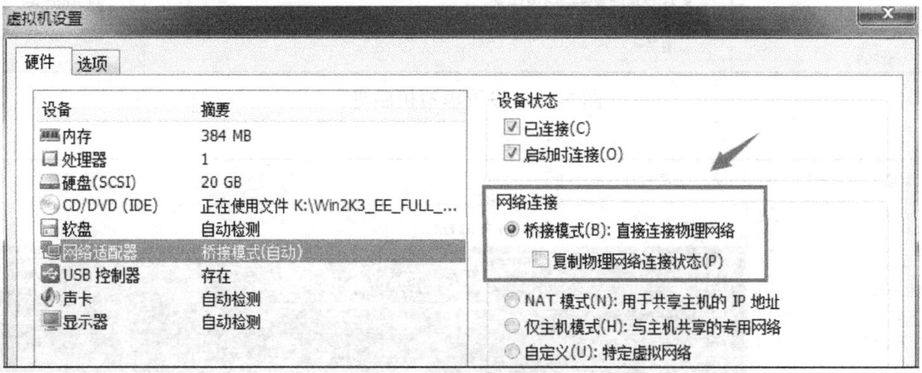

图 7-13　设置虚拟机的网卡模式

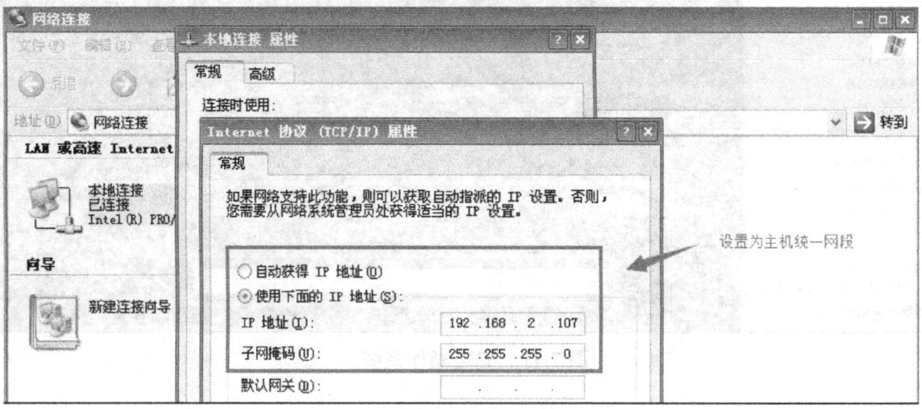

图 7-14　修改虚拟机的 IP 地址

3. 在 Windows Server 2003 下建立 Web 和 FTP 站点

添加好应用程序服务器角色后，就可以在 Windows Server2003 下安装 Web 和 FTP 服务角色了。

首先打开 IIS 管理器，如图 7-15 所示。在“本地计算机”→“网站”下新建一个 Web 站点，输入站点名，为站点分配 IP 地址和端口号，如图 7-16 所示。

在“本地计算机”→“FTP 站点”下新建一个 FTP 站点，输入站点名，为站点分配 IP 地址和端口号，如图 7-17 所示。

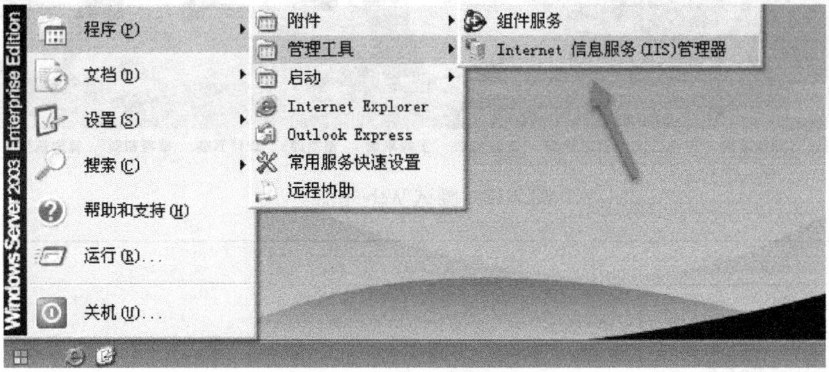

图 7-15　打开 IIS 管理器

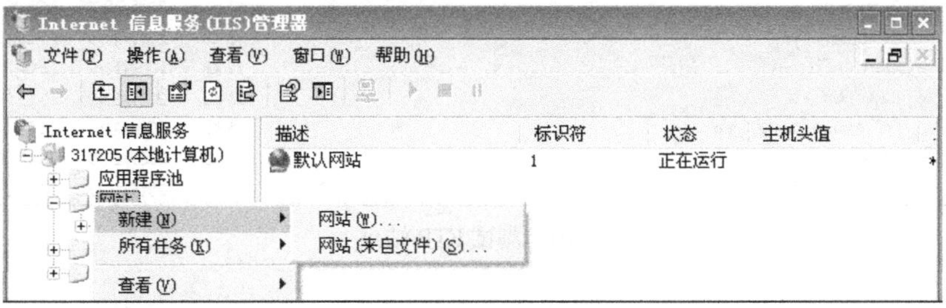

图 7-16　新建 Web 站点

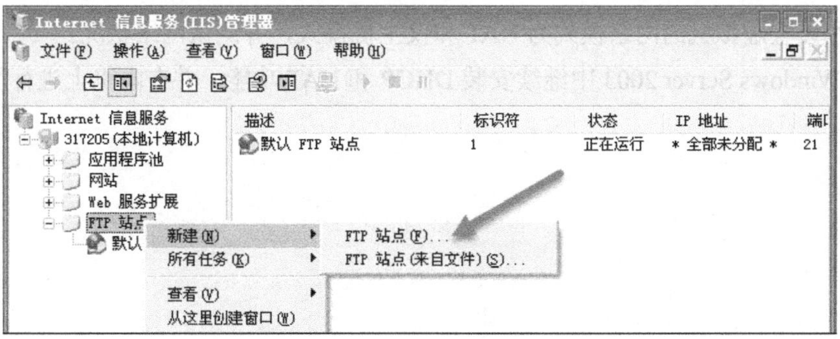

图 7-17　新建 FTP 站点

如今已是云计算和虚拟化的网络，我们在互联网上使用的绝大多数服务器都采用这样的虚拟化形式，这样既可以提高硬件服务器的利用率，又降低了企业的运营成本，还极大简化了服务器的管理程序。

4. 用主机的浏览器测试 Web 站点和 FTP 站点

在本机的浏览器中分别输入 http://192.168.2.107 和 ftp://192.168.2.107，用于测试虚拟机和本机的连通性以及 Windows Server 2003 的服务功能，具体如图 7-18 和图 7-19 所示。

图 7-18　测试 Web 站点

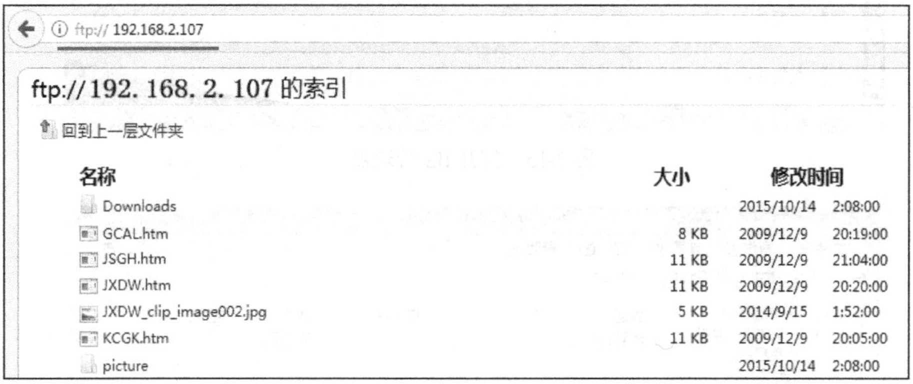

图 7-19　测试 FTP 站点

四、实验思考

1. 分别设置虚拟机的网络模式为 NAT 和仅主机模式，并测试网络状况。
2. 在 Windows Server 2003 中继续安装 DHCP 和 NAT 功能，并在本机上进行测试。

参考文献

[1] 杨陡卓. 网络工程设计与系统集成(第 3 版). 北京：人民邮电出版社，2014

[2] 谢希仁. 计算机网络. 北京：电子工业出版社，2017

[3] 张建忠. 计算机网络实验指导书(第 3 版). 北京：清华大学出版社，2013

[4] 杨心强. 数据通信与计算机网络. 北京：电子工业出版社，2014

[5] 易建勋. 计算机网络设计. 北京：人民邮电出版社，2015

[6] 王建平等. 计算机网络仿真技术. 北京：清华大学出版社，2013

[7] 崔北亮. CCNA 认证指南. 北京：电子工业出版社，2009

[8] 张国清. CCNA 学习宝典. 北京：电子工业出版社，2008

[9] 沈鑫剡等. 计算机网络工程实验教程. 北京：清华大学出版社，2013

[10] 张栋. 网络服务搭建配置与管理大全. 北京：电子工业出版社，2003

[11] 陈鸣译. 计算机网络自顶向下方法. 北京：机械工业出版社，2009

[12] 叶树华. 网络编程实用教程. 北京：人民邮电出版社，2010

[13] 宋敬彬等. Linux 网络编程. 北京：清华大学出版社，2010

[14] 魏大新等. Cisco 网络技术教程. 北京：电子工业出版社，2008

[15] [美]Richard Froom, [美]Baloji Sivasubranmanian, [美]Erum Frahim 著；田果，刘丹宁译. CCNP SWITCH(642-813)学习指南. 北京：人民邮电出版社，2009

[16] [美]Diane Teare 著；袁国忠 译. CCNP ROUTE(642-902)学习指南. 北京：人民邮电出版社，2010

[17] [美] Wayne Lewis 著；思科系统公司 译. CCNA Exploration：LAN 交换和无线. 北京：人民邮电出版社，2009

[18] [美] Wayne Lewis 著；北京工业大学/北京邮电大学/思科网络技术学院 译. CCNA 3 交换基础与中级路由. 北京：人民邮电出版社，2008

[19] 刘彩凤. Packet Tracer 经典案例之路由交换入门篇. 北京：电子工业出版社，2017

[20] 杨功元. Packet Tracer 使用指南及实验实训教程. 北京：电子工业出版社，2017

[21] Lambert M Surhone. *Packet Tracer*. Betascript Publishing，2010

[22] A.Jesin. *Packet Tracer Network Simulator*. Packt Publishing Limited，2014

[23] 思科网络技术学院. 思科网络技术学院教程 扩展网络实验手册. 北京：人民邮电出版社，2015

[24] 思科网络技术学院. 思科网络技术学院教程 路由和交换基础实验手册. 北京：人民邮电出版社，2015

[25] www.baidu.com

[26] blog.csdn.net

[27] www.wireshark.org
[28] gaia.cs.umass.edu
[29] www.google.com
[30] www.uestc.edu.cn
[31] www.ietf.org
[32] www.cdutetc.cn
[33] www.mit.edu